Forschungsberichte

iwb

Band 110

Berichte aus dem
Institut für Werkzeugmaschinen
und Betriebswissenschaften
der Technischen Universität
München

Herausgeber:
Prof. Dr.-Ing. G. Reinhart
Prof. Dr.-Ing. J. Milberg

Springer-Verlag Berlin Heidelberg GmbH

Robert Kuba

Informations- und kommunikationstechnische Integration von Menschen in der Produktion

Mit 77 Abbildungen

Springer

Dr.-Ing. Robert Kuba
Institut für Werkzeugmaschinen und Betriebswissenschaften (iwb), München

Univ.-Prof. Dr.-Ing. G. Reinhart
o. Professor an der Technischen Universität München
Institut für Werkzeugmaschinen und Betriebswissenschaften (iwb), München

Univ.-Prof. Dr.-Ing. J. Milberg
o. Professor an der Technischen Universität München
Institut für Werkzeugmaschinen und Betriebswissenschaften (iwb), München

D91

ISBN 978-3-540-63642-7 ISBN 978-3-662-07898-3 (eBook)
DOI 10.1007/978-3-662-07898-3

Ursprünglich erschienen bei Springer-Verlag Berlin Heidelberg New York 1997.

Gesamtherstellung: Hieronymus Buchreproduktions GmbH, München.

SPIN: 10653295 62/3020-543210

Geleitwort der Herausgeber

Die Produktionstechnik ist für die Weiterentwicklung unserer Industriegesellschaft von zentraler Bedeutung. Denn die Leistungsfähigkeit eines Industriebetriebes hängt entscheidend von den eingesetzten Produktionsmitteln, den angewandten Produktionsverfahren und der eingeführten Produktionsorganisation ab. Erst das optimale Zusammenspiel von Mensch, Organisation und Technik erlaubt es, alle Potentiale für den Unternehmenserfolg auszuschöpfen.

Um in dem Spannungsfeld Komplexität, Kosten, Zeit und Qualität bestehen zu können, müssen Produktionsstrukturen ständig neu überdacht und weiterentwickelt werden. Dabei ist es notwendig, die Komplexität von Produkten, Produktionsabläufen und -systemen einerseits zu verringern und andererseits besser zu beherrschen.

Ziel der Forschungsarbeiten des *iwb* ist die ständige Verbesserung von Produktentwicklungs- und Planungssystemen, von Herstellverfahren und Produktionsanlagen. Betriebsorganisation, Produktions- und Arbeitsstrukturen sowie Systeme zur Auftragsabwicklung werden unter besonderer Berücksichtigung mitarbeiterorientierter Anforderungen entwickelt. Die dabei notwendige Steigerung des Automatisierungsgrades darf jedoch nicht zu einer Verfestigung arbeitsteiliger Strukturen führen. Fragen der optimalen Einbindung des Menschen in den Produktentstehungsprozeß spielen deshalb eine entscheidende Rolle.

Die im Rahmen dieser Buchreihe erscheinenden Bände stammen thematisch aus den Forschungsbereichen des *iwb*. Diese reichen von der Produktentwicklung über die Planung von Produktionssystemen hin zu den Bereichen Fertigung und Montage. Steuerung und Betrieb von Produktionssystemen, Qualitätssicherung, Verfügbarkeit und Autonomie sind Querschnittsthemen hierfür. In den *iwb*-Forschungsberichten werden neue Ergebnisse und Erkenntnisse aus der praxisnahen Forschung des *iwb* veröffentlicht. Diese Buchreihe soll dazu beitragen, den Wissenstransfer zwischen dem Hochschulbereich und dem Anwender in der Praxis zu verbessern.

Joachim Milberg *Gunther Reinhart*

Vorwort

Die vorliegende Dissertation entstand während meiner Tätigkeit als wissenschaftlicher Mitarbeiter am Institut für Werkzeugmaschinen und Betriebswissenschaften (iwb) der Technischen Universität München.

Für ihre Unterstützung möchte ich Herrn Prof. Dr.-Ing. Joachim Milberg und Herrn Prof. Dr.-Ing. Gunther Reinhart, den Leitern des Instituts, besonders danken. Sie haben mir die Bearbeitung der Thematik ermöglicht und durch kritische Anregungen und wertvolle Hinweise meine Arbeit stets wohlwollend gefördert.

Bei Herrn Prof. Dr.-Ing. Dieter Spath, dem Leiter des Lehrstuhls für Werkzeugmaschinen und Betriebstechnik (wbk) der Universität Karlsruhe, möchte ich mich für die Übernahme des Korreferats und die aufmerksame Durchsicht der Arbeit bedanken.

Zudem möchte ich allen Mitarbeiterinnen und Mitarbeitern des Instituts und allen Studenten, die mich bei der Erstellung meiner Arbeit unterstützt haben, sehr herzlich danken.

München, im Juni 1997 *Robert Kuba*

1 Einleitung

Die zunehmend kundenorientierte Herstellung variantenreicher Produkte mit kleinen Losgrößen für einen Markt mit hoher Dynamik und starkem Wettbewerb ist hochgradig komplex. Zur Beherrschung der Komplexität sind, nicht zuletzt aus wirtschaftlichen Gründen, das Know-how und die Flexibilität des Menschen auf der Produktionsebene erforderlich. Obwohl der arbeitende Mensch als der wichtigste und wertvollste Produktionsfaktor angesehen wird (BULLINGER 1994, S. 29), wird sein Kreativitäts- und Eigenverantwortungspotential, welches ihn im Privatleben auszeichnet, im Unternehmen nicht ausreichend genutzt (MILBERG 1994, S. 20). Für den zielgerichteten und effektiven Einsatz der Produktionsmitarbeiter als kompetente Entscheidungsträger hat das Informationsmanagement eine Schlüsselfunktion. In einer durch CA-Techniken rationalisierten Informationskette ist das Produktionspersonal jedoch bisher noch nicht integriert, wodurch der durchgängige und konsistente Informationsfluß unterbrochen wird. Die vorliegende Arbeit befaßt sich mit einem Konzept zur informations- und kommunikationstechnischen Integration der Mitarbeiter in der Produktion.

Es gibt zwei Gründe, weshalb die informations- und kommunikationstechnische Integration des Produktionspersonals anzustreben ist. Zum einen ermöglichen aktuelle Informationen und transparente Informationswege die Erweiterung des menschlichen Tätigkeitsspektrums, wodurch die menschlichen Fähigkeiten wie Kreativität, Interpretation und Entscheidungsvermögen verstärkt für produktive Aufgaben genutzt werden. Dies ist jedoch, auch laut ZEPPELIN (1991, S. 149 und S. 170), nur dann möglich, wenn es gelingt, alle für die Entscheidung relevanten Daten dort zur Verfügung zu stellen, wo sie gebraucht werden.

Die Steigerung von Effizienz und Geschwindigkeit in der Fabrik durch neugestaltete Informationsvorgänge ist der zweite Grund, der für die informationstechnische Integration der Mitarbeiter spricht. Nach wie vor ist der Zeitvorteil einer der Schlüssel zum Erfolg und zum Wettbewerbsvorsprung (REINHART 1995, S. 1). Um diesen zu erlangen, sind die Steigerung von Flexibilität und Reaktionsfähigkeit in der Produktion zwei komplementäre Zielsetzungen (SPUR 1992, S. 4).

Eine Neudefinition der Funktion des Menschen in der Produktion ist stark mit der Verbesserung seiner Möglichkeiten für den

Informationsaustausch verbunden. Trotz existierender Visionen einer Fabrik, in der die Menschen auf der Produktionsebene an schnellen Informationswegen beteiligt sind (siehe Bild 1-1), wurde der Schritt zur Einbeziehung der Mitarbeiter in den durchgängigen und vernetzenden Informationsfluß bisher nicht vollzogen.

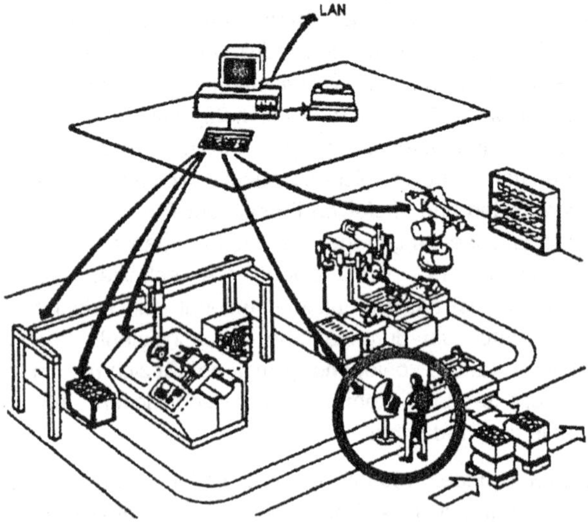

Bild 1-1: Datentechnische Integration des Produktionspersonals (Siemens ca. 1985)

Viel Arbeit und Energie wurden darauf verwendet, Datenformate sowie Netzwerkprotokolle zu entwickeln, zu homogenisieren und zu normen. Für die produktive Ebene war das Ergebnis aber lediglich ein gesteigertes Kommunikationsvermögen von Maschinen, welches sich in DNC-Systemen der dritten Generation wiederfindet (MANN & MARTENS 1994). Bei Konzepten zur Schaffung eines Datenverbundes auf der Produktionsebene blieben die gewerblichen Mitarbeiter unberücksichtigt.

Daß die informationstechnische Integration der Menschen auf der Produktionsebene bisher nicht erfolgt ist, zeigt auch die Tatsache, daß die Normungsbestrebungen und CIM-Schnittstellen nahezu ausschließlich auf den standardisierten Datenaustausch für die Produktentwicklung beschränkt sind (SCHÜLER 1994, S. 120 und GRABOWSKI U.A. 1993, S. 174-205). Auf Basis dieser Schnittstellen wurde allerdings eine Vielzahl von Hilfsmitteln entwickelt, die mittels anwendergerechter Informationsdarstellung und schnellem Informationsfluß einen Beitrag zur Beseitigung von Informationsdefiziten und den daraus entstehenden Produktivitätsverlusten in den planenden Ebenen leisten (z.B. RECKMANN 1990 oder CREMER 1992). Die informationsflußtechnische Durchdringung von technischen Bereichen, in denen Menschen arbeiten, führt also zu fruchtbaren Resultaten.

Der Einsatz des 'Know-how-Trägers Mensch' als flexible Komponente in der Fabrik, verbunden mit dem Zeitvorteil der elektronischen Datenübermittlung, stellt großes Verbesserungspotential in Aussicht, um Flexibilität und Reaktionsfähigkeit zu gewinnen. Das Zusammenführen von Informationen aus räumlich verteilten Quellen durch Vernetzung eröffnet neue Perspektiven für die Partnerschaft von Mensch und Maschine. Von besonderem Interesse ist dabei die Aussicht, Kommunikationswege zu schaffen, die mit geringem Verwaltungsaufwand und ohne zwischengeschaltete Hierarchiestufen oder Verteil-Instanzen auskommen.

Ein zukünftiger Verbund von Menschen und Maschinen auf der Produktionsebene soll so konfiguriert werden, daß eine sinnvolle flexible Arbeitsteilung möglich wird, sowohl was die Arbeitsinhalte als auch die Arbeitszeiten anbelangt. Die Beteiligung der Mitarbeiter am vernetzten betrieblichen Informationsfluß ist ein Schritt in diese Richtung. Die informationstechnische Integration der Mitarbeiter auf der Produktionsebene trägt damit zur menschgerechten Entwicklung von neuen, sowohl organisatorischen als auch technischen Lösungsansätzen bei, die eine flexible und schnelle, am Gesamtoptimum orientierte Reaktionsfähigkeit des Unternehmens ermöglichen.

Die vorliegende Arbeit zeigt einen Weg zur Integration des Produktionspersonals in den durchgängigen Informationsfluß durch datentechnische Vernetzung. Im Mittelpunkt steht das Abbilden des Menschen mit seiner Arbeitsumgebung in einem technischen System. Die Eigenschaften des Menschen, die für kommunikative Aspekte relevant sind, werden dabei in einem datentechnischen Modell für andere Netzwerkteilnehmer transparent gemacht. Hiermit wird es für den Menschen möglich, in einem industriellen Umfeld interaktiv und bidirektional zu kommunizieren, so daß zukünftig auch in manuellen Bereichen konsistente Informationen zum richtigen Zeitpunkt am richtigen Ort vorliegen.

2 Ziel der Arbeit

2.1 Zielsetzung

Der Mitarbeiter auf der Produktionsebene ist ein Know-how-Träger, der reaktionsfähig ist und Problemlösungskompetenz besitzt. Durch die effiziente Bereitstellung aktueller Informationen kann man diese Potentiale unterstützen und nutzen, wodurch einerseits das noch immer vielfach von Arbeitsteilung bestimmte Tätigkeitsspektrum der Produktionsmitarbeiter erweitert und deren spezifische Kenntnis andererseits zielgerichtet eingesetzt wird. Der Mensch als informierter Anlagenmanager ist dann in der Lage, mehrere Funktionen wie Nacharbeit, Qualitätsprüfung und Störungsbehebung in Personalunion auszuführen (Bild 2-1).

Die Erweiterung von Arbeitsinhalten und die produktionstechnische Nutzung des Wissensträgers Mensch macht die informations- und kommunikationstechnische Neudefinition der Rolle des Produktionspersonals

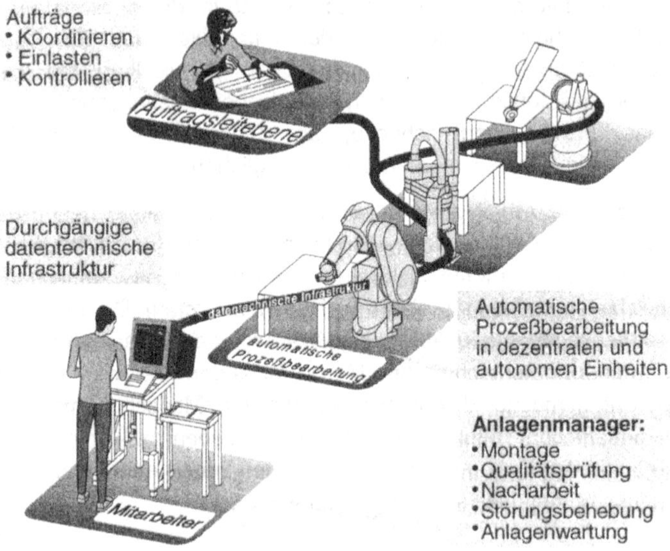

Bild 2-1: Erweiterung des Tätigkeitsfelds durch informationstechnische Integration

erforderlich. Die durchgängig informationstechnisch infrastrukturierte Fabrik ist hierfür zum einen eine Voraussetzung und zum anderen der Weg, um die Forderung nach Schnelligkeit und Effizienz zu erfüllen.

Ziel der Arbeit ist es deswegen, die Beteiligung des Produktionspersonals an einem informationstechnisch vernetzten Produktionsverbund zu ermöglichen, so daß man auch in manuellen Bereichen Informationen

- in ausreichender Quantität,
- in benötigter Qualität (Aktualität und Darstellung) und
- zum erforderlichen Zeitpunkt

bereitstellen und nutzen kann. Die menschlichen Fähigkeiten wie Auffassungsgabe, Geschicklichkeit, Kombinationsgabe und Flexibilität sollen unterstützt werden, so daß man sie bedarfsorientiert für Vorgänge in der Produktion einsetzen kann.

Die Kommunikationspartner der Mitarbeiter im vernetzten Produktionsverbund sind die Menschen und Maschinen der Produktionsebene sowie die Auftragsleitebene einschließlich dem Fertigungsvorfeld (siehe auch Bild 2-1). Die Auftragsleitebene wird in diesem Zusammenhang in Anlehnung an LEODOLTER (1992, S. 23) als 'ein aus organisatorischen und EDV-technischen Elementen konfiguriertes Instrumentarium zur Koordination und Steuerung der in den Betrieben stattfindenden Wertschöpfungsprozesse' verstanden.

Die Kommunikationsgrundlagen zur informationstechnischen Integration des Produktionspersonals können auf zwei Arten geschaffen werden. Zum einen indem der Mensch in existierende Standards einbezogen wird. Zum anderen durch den Entwurf von Kommunikationsvorgängen auf Basis von Anforderungen, die vom Menschen ausgehen, und die Anwendung dieser neuen Formen auf alle anderen Beteiligten (Maschinen, Softwarepakete etc.). Letzterer Ansatz (z.B. DRÖSE 1992; WITTE U.A. 1993) wird nicht weiter verfolgt, da er sich als weniger erfolgversprechend erwiesen hat als anerkannte Standards und Konzepte. Bei der Integration der Mitarbeiter in bestehende Strukturen gilt es, die Kommunikationsbedürfnisse des Menschen umfassend zu berücksichtigen. Hierbei müssen aber auch einschränkende Randbedingungen betrachtet werden, da der Nachrichtentransfer zwischen Maschinen nicht notwendigerweise den Anforderungen menschlicher Verständigung genügt. Bereits existierende und eingeführte Konzepte dienen als Basis, so daß eine Validierung der neuen Kommunikationsprozesse in vorhandenen Applikationen möglich wird.

Die Kommunikation auf der Produktionsebene ist ein sehr vielschichtiges Thema, welches neben technischen und arbeitswissenschaftlichen auch sozialwissenschaftliche Aspekte umfaßt. Der Fokus dieser Arbeit liegt auf dem Realisieren von technischen Kommunikationsgrundlagen, um die Mitarbeiter verstärkt an den Informationsprozessen beteiligen zu können. Hierbei wird vorausgesetzt, daß der Mensch auf der Produktionsebene grundsätzlich bereit ist, zum Zweck der Auftragsabwicklung strukturiert zu kommunizieren. Individuelles Kommunikationsverhalten und Fragen der Akzeptanz werden nicht explizit erörtert; sie werden in der einschlägigen Fachliteratur behandelt (z.B. SCHUCK-WERSIG 1985). Für den Lösungsweg steht das Entwickeln eines Kommunikationsmodells im Vordergrund. Im Unterschied dazu richten sich andere Ansätze auf den Entwurf von Informationssystemen mit hinterlegten Funktionsmodellen (z.B. GEHLHAAR 1995).

2.2 Anwendungsfeld der informationstechnischen Integration von Mitarbeitern

Das in dieser Arbeit entwickelte Konzept zur informations- und kommunikationstechnischen Integration von Menschen in der Produktion ist zwar nicht an eine spezielle Umgebung wie Teilefertigung oder Montage gebunden, doch der Schwerpunkt der Anwendung liegt im Montagebereich. Dies liegt daran, daß hier einerseits hohes Verbesserungspotential durch strukturierte Informationsbereitstellung zu erkennen ist (siehe Kapitel 3) und andererseits Konzepte für einen zielgerichteten Informationsfluß fehlen. Letzteres betrifft u.a. das Ermöglichen einer zeitlichen und inhaltlichen Arbeitsteilung in einem teilautomatisierten System. In der Nachtschicht erfolgt im mannlosen Betrieb die automatisierte Montage eines Produkts, tagsüber führt der Mitarbeiter die anspruchsvollere Qualitätsprüfung aus.

Als Anwendungsfeld kommen alle Arbeitsplätze in Frage, bei denen Kommunikation zur Auftragsabwicklung und Aufgabenerfüllung gehört. Insbesondere bei anspruchsvollen Tätigkeiten in der Einzel- und Kleinserienproduktion ist die informationstechnische Integration der Mitarbeiter lohnenswert, da hierdurch die gezielte Informationsbereitstellung die geistige Rüstzeit reduziert und damit hohes Rationalisierungspotential erschlossen wird. Bei kleinen Arbeitsinhalten in der arbeitsteiligen Fließfertigung sind kaum Einsatzmöglichkeiten zu sehen.

Das entwickelte System eignet sich sowohl für den Einsatz in Gruppenarbeit als auch für Einzelarbeitsplätze.

Da die Mitarbeiter auf der Produktionsebene im allgemeinen ihre Aufgaben mit Hilfe von technischen Geräten erfüllen, wird bei der informations- und kommunikationstechnischen Vernetzung ein variabler Automatisierungsgrad berücksichtigt. Damit können sowohl Arbeitsplätze informationstechnisch integriert werden, die rein manuelle Tätigkeiten umfassen, als auch solche, die weitgehend automatisiert sind.

2.3 Vorgehen

Zur Verwirklichung eines auch manuelle Arbeitsplätze vernetzenden Produktionsverbunds wird im ersten Schritt die informationsflußtechnische Situation in manuellen Fabrikationsbereichen analysiert, da die Kommunikation in diesen Bereichen bisher wenig untersucht wurde. Hierzu wird der Informationsfluß zu und zwischen gewerblichen Mitarbeitern in verschiedenen Ausprägungen bewertet (Kapitel 3), woraus die Problemstellen derzeitiger Informationsgefüge ersichtlich werden.

Im nächsten Schritt werden Anforderungen an die informationstechnische Integration des Produktionspersonals und Eigenschaften des zu entwickelnden Systems definiert (Kapitel 4).
Anschließend werden bestehende Lösungen aus Industrie und Forschung untersucht, die eine verbesserte Informationsbereitstellung und -übertragung an manuellen Arbeitsplätzen behandeln (Kapitel 5).

Basierend auf den gewonnenen Erkenntnissen wird ein System zur Realisierung der Vernetzung erarbeitet (Kapitel 6). Dabei fließen erfolgversprechende bestehende Ansätze in die Überlegungen mit ein.
Der letzte Schritt ist die prototypenhafte Umsetzung der Ideen in ein rechnerbasiertes Arbeitsplatzsystem (Kapitel 7). Zu letzterem gehören das Schaffen der technischen Voraussetzung, um die informationstechnische Vernetzung des Menschen mit einem Verbund von Maschinen und Instanzen zur Aufgabenverteilung zu ermöglichen, sowie das Bereitstellen von Funktionen in Form einer Benutzerschnittstelle, damit der Mensch seine vielfältigen Aufgaben erfüllen kann.
Der damit realisierte Verbund von automatischen und manuellen Produktionsbereichen und die entstehenden Wechselwirkungen werden abschließend in einem Beispielszenario überprüft.

3 Informationsflußanalyse in manuellen Arbeitsbereichen

3.1 Informationsflußanalyse: Ziel und Vorgehensweise

Die Informationsflußanalyse dient dazu, die Vorgänge zu untersuchen und zu bewerten, die mit dem Handhaben von betrieblichen Informationen in manuellen Arbeitsbereichen zusammenhängen, um Erkenntnisse über das bisher weitgehend unbekannte Informationsvolumen sowie über Formen der Informationsübermittlung und -bereitstellung zu gewinnen. Der Informationsbedarf einerseits und Schwachstellen des konventionellen Informationsflusses andererseits werden ermittelt. Gleichzeitig gilt es, Verbesserungsmöglichkeiten abzuleiten. Der Informationsfluß in der Produktion wird hinsichtlich der Parameter Qualität und Quantität bewertet.

Zur Strukturierung der Analyse wird im ersten Schritt eine geeignete Darstellungsform zur Auswertung von Informationsbeziehungen ausgearbeitet. Im nächsten Schritt sind die Gelegenheiten zu ermitteln, bei denen betriebliche Informationen ausgetauscht werden, um die Gestaltung eines Fragenkatalogs zu ermöglichen. Hiernach werden in Industriebetrieben die Daten mittels Interviews aufgenommen. Zum Schluß werden die Informationsflußkonstellationen bewertet, um Konsequenzen für die Neugestaltung der Informationsvorgänge auf der Produktionsebene zu erarbeiten.

3.2 Darstellung von Informationsflüssen

Zur Dokumentation von Informationsflüssen und -beziehungen ist einerseits eine Meßgröße und andererseits eine geeignete Darstellungsform erforderlich. Die bestehenden Möglichkeiten - die für die vorliegende Analyse keine befriedigenden Lösungen bieten - und die Entwicklung einer erweiterten Methode zur Quantifizierung von Informationen werden im folgenden erläutert.

3.2.1 Informationsbegriffe und -modelle

Abhängig von der Blickrichtung wird der Begriff Information unterschiedlich definiert. Zur Festlegung des Begriffs 'betriebliche Information' sind folgende zwei Definitionen wesentlich:

> Aus zielgerichteter Sicht definiert Wittmann (1959, S. 14) den Begriff Information als zweckorientiertes Wissen, wobei der Zweck in der Vorbereitung und Verwirklichung von Handlungen besteht.
>
> AUGUSTIN (1990, S. 15) legt bei der Begriffserklärung den Schwerpunkt auf den Nutzen. Er definiert Information als Beschreibung von vergangenen, gegenwärtigen oder zukünftigen Sachverhalten, wenn sie für bestimmte Adressaten verständlich und nutzbar sind und wenigstens von einem Adressaten genutzt werden.

Die betriebliche Kommunikation kann daraus abgeleitet als ein Prozeß verstanden werden, bei dem Information zum Zweck der aufgabenbezogenen Verständigung ausgetauscht wird (REICHWALD 1984, S. 380).

Zur Beschreibung von Informationsflüssen existieren verschiedene Modelle. Ausgangspunkt für viele informationstheoretische Betrachtungen ist das nachrichtentechnische Kommunikationsmodell von SHANNON & WEAVER (1949), siehe auch Bild 3-1. Das Modell betrachtet Informationsprozesse aus der Sicht der Nachrichtenübertragung und ist zur Auslegung der Kapazität von Übertragungskanälen geeignet. Die Nachrichtenquelle übergibt die Botschaft, die transferiert werden soll, einem Sender, welcher die Botschaft kodiert und einem Empfänger übermittelt. Im Empfänger werden die erhaltenen Signale dekodiert, und die gewonnene Nachricht wird dem Adressaten zugeleitet. Die Nachricht kann bei der Übertragung durch eine Störquelle verfälscht werden.

SHANNON & WEAVER (1949) haben bei ihrer Formulierung die Bedeutung der Informationen unberücksichtigt gelassen und lediglich eine

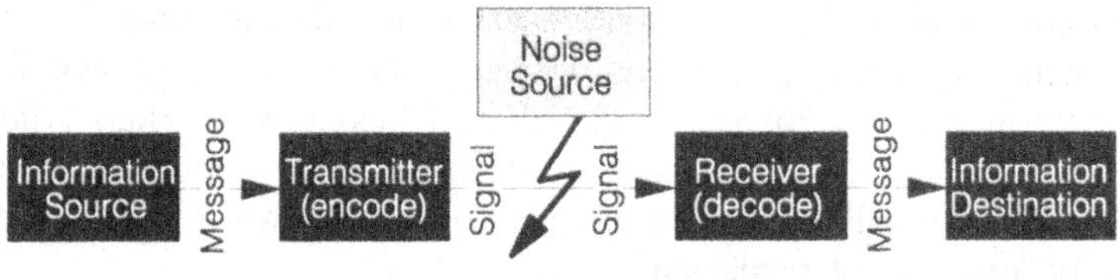

Bild 3-1: Nachrichtentechnisches Kommunikationsmodell von SHANNON & WEAVER (1949)

Quantifizierung der Informationsmenge I_{Sh} vorgeschlagen. Der mittlere Informationsgehalt eines Zeichens x_i aus einem diskreten Reservoir wird durch die Wahrscheinlichkeit $p(x_i)$ bestimmt, mit der das Zeichen auftritt. In einem Text wird beispielsweise jeder Buchstabe mit einer gewissen Wahrscheinlichkeit erwartet. Je geringer diese Wahrscheinlichkeit ist, desto größer ist der Informationsgehalt. Die Informationsmenge I_{Sh} kann mathematisch folgendermaßen formuliert werden:

$$I_{Sh} = \sum_{i=1}^{n} p(x_i) \ln p(x_i)$$

Der nachrichtentechnische Informationsbegriff ist vielfach modifiziert worden, um auch die Bedeutung einer Nachricht messen zu können. Die Einführung von bewertenden Kriterien sollte dabei die Verallgemeinerung des Shanonnschen Informationsbegriffs ermöglichen. Die Erweiterung des Informationsbegriffs bezüglich des Attributs 'Bedeutung' ist jedoch mit diesen Ansätzen nicht umsetzbar (KORNWACHS 1993, S. 265).

Ein sehr einleuchtendes Modell zur Quantifizierung der Wirkung von Informationen ist die physikalische Auslegung des Informationsbegriffs. In dem von HAKEN (1988, S. 16-23) vorgestellten Ansatz wird die Stabilität eines dynamischen Systems betrachtet. Die Wirkung einer Information läßt sich mit dem (Zustands-)Wechsel aus einer Vorzugslage heraus beschreiben (Bild 3-2). Je nachdem, wie ausschlaggebend dieser Zustandswechsel für das System ist, wird die Wichtigkeit der Information bestimmt. Wenn beispielsweise die Aussagekraft einer Information unzureichend ist, schwingt sich das System nach einer bestimmten Zeit wieder in seiner vorherigen Lage ein. Im Modell von HAKEN (1988) werden auch die Erzeugung, Erhaltung und Vernichtung von Informationen definiert. Es werden jedoch keine Kriterien gegeben, die die Wirkung von Informationen abschätzen lassen.

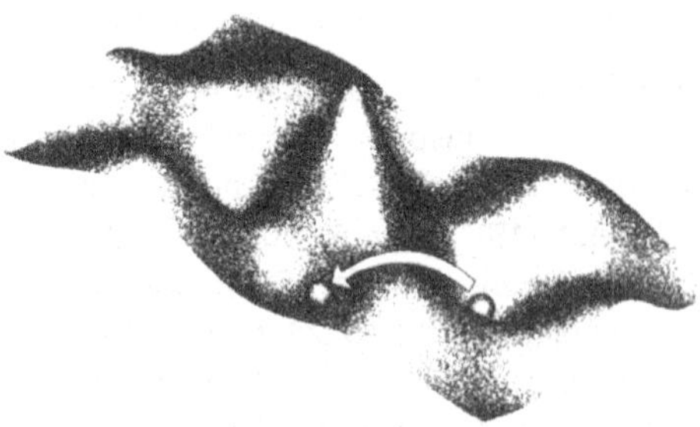

Bild 3-2: Zustandswechsel durch eine Nachricht (physikalische Betrachtung des Informationsbegriffs nach HAKEN 1988, S. 17)

Es gibt noch eine Vielzahl weiterer informations- und kommunikationsbezogener Modelle, die Ansätze zur Meßbarkeit von Informationen

bieten. Zu erwähnen sind insbesondere das pragmatische Kommunikationsmodell (WATZLAWICK U.A. 1990) und die organisationstheoretischen Ansätze (siehe KORNWACHS 1993, S. 266-267).
Die existierenden Modelle zur Beschreibung von Informationsprozessen sind durch mangelnde Quantifizierbarkeit des Informationsnutzens gekennzeichnet. Letztere ist jedoch für eine systematische Informationsflußanalyse erforderlich. Aus diesem Grund wird, in Anlehnung an die dargelegten Modelle, im folgenden eine erweiterte Darstellungs- und Bemessungsform entwickelt, welche für die Untersuchung des Informationsflusses in manuellen Arbeitsbereichen geeignet ist.

3.2.2 Quantifizierung und Darstellungsformen von Informationen

Zur Quantifizierung von Informationen sollen einerseits direkt meßbare Größen, wie die transferierten Datenmengen pro Zeiteinheit, und andererseits nichtzählbare Kriterien, wie der Nutzen, verwendet werden. Die meßbaren Größen sind:

- die Datenmenge,
- die Anzahl der beteiligten Prozeßträger,
- die Anzahl der verwendeten Funktionen, die mit Informationsverarbeitung befaßt sind,
- die Anzahl der benutzten Informationsspeicher und
- die Anzahl der Übertragungsvorgänge.

Die Summe der nichtzählbaren Merkmale kann über den Nutzen der betrachteten Information Auskunft geben. Folgende Kriterien sind hierbei zu beachten:

- die Entscheidungsrelevanz (die Erfüllung einer Zielsetzung),
- die zeitliche Relevanz (die absolute Aktualität und das Intervall der Aktualisierung),
- der Informationsgehalt (Zuverlässigkeit und Genauigkeit) sowie
- die Informationsaufbereitung (der Verständlichkeitsgrad).

Für die Darstellung von Informationsflüssen ist es wichtig, den Weg einer Information von der Erfassung bis zur Verwendung beim Fällen einer Entscheidung oder Erfüllen einer Aufgabe zu verfolgen (PICOT & REICHWALD 1991, S. 281). Damit sind Quelle und Ziel der transferierten Informationen, ihr Gegenstand sowie die eingesetzten Sachmittel zur

Informationsübermittlung, -verarbeitung und -speicherung von Interesse. Bei der Informationsverarbeitung spielen sogenannte Aufgabenträger (auch als Prozeßträger bezeichnet) eine entscheidende Rolle. Ein Aufgabenträger ist eine Person oder eine Institution, die eine informationsverarbeitende Funktion erfüllt und die auf Basis der Information Entscheidungen trifft.

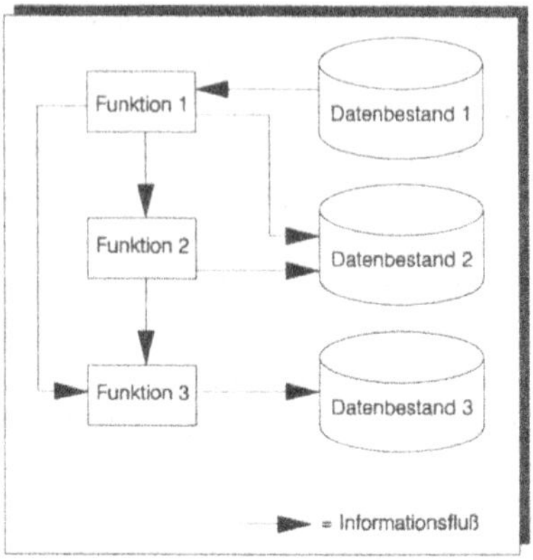

Bild 3-3: Ablauforientierte Darstellungsform des Informationsflusses

Zur Dokumentation von Informationsflüssen sind prinzipiell zwei Betrachtungsweisen denkbar. Bei der ersten wird ein einzelner, geschlossener Informationsprozeß analysiert, an dem verschiedene Aufgabenträger beteiligt sind (Bild 3-3). Diese ablauforientierte Sichtweise wird auch zur Modellierung von Geschäftsprozessen verwendet (vgl. SCHEER 1994, S. 700-702). Im Vordergrund der Betrachtung steht der Ablauf eines einzelnen (Informations-)Prozesses, von seiner Entstehung bis zum Ziel. Diese Darstellungsform hat den Vorteil, daß ablauforganisatorische Vorgänge entsprechend ihrer prozeßbezogenen Reihenfolge abgebildet werden können (REINHART & GOLDSTEIN 1994, S. 133).

Bei der zweiten Betrachtungsweise wird ein Aufgabenträger zusammen mit verschiedenen Informationsprozessen betrachtet. Hierdurch werden alle Informationen zusammengefaßt, die der Aufgabenträger erhält bzw. abschickt (Bild 3-4). Es handelt sich um eine intensitätsorientierte Darstellung. Die Organisationsform des untersuchten Bereichs wird erst durch die Verbindung der einzelnen Aufgabenträger wiedergegeben, wobei die Intensität des Informationsverkehrs zwischen den

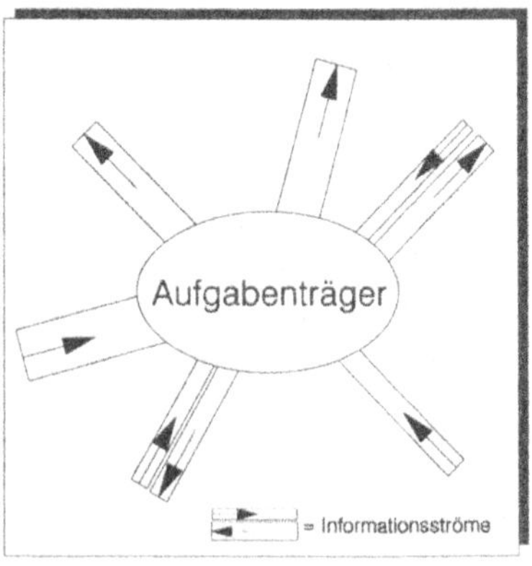

Bild 3-4: Intensitätsorientierte Darstellung

Beteiligten, aber auch die Gelegenheiten des Informationsaustauschs, Spiegelbild der jeweiligen Organisationsform sind.

Voraussetzung für die erste, ablauforientierte Darstellungsform sind festgelegte und langfristig konstant ablaufende Informationsprozesse. Sie können z.B. dem 'Atlas der innerbetrieblichen Informationsverarbeitung' (ZVEI 1985) entnommen werden. Da ein Aufgabenträger im Ablauf eines Informationsprozesses u.U. mehrere Funktionen ausübt, erscheint er nicht selbst, sondern nur die von ihm ausgeübten Funktionen. Dies hat den Vorteil, daß die Darstellungsform zunächst organisationsunabhängig ist. Der Nachteil der ablauforientierten Darstellung ist die Tatsache, daß einzelne Informationsprozesse nicht vollständig erfaßt werden, da im Rahmen der Informationsflußanalyse nur begrenzte Bereiche der Produktion untersucht werden sollen (siehe Bild 3-5).

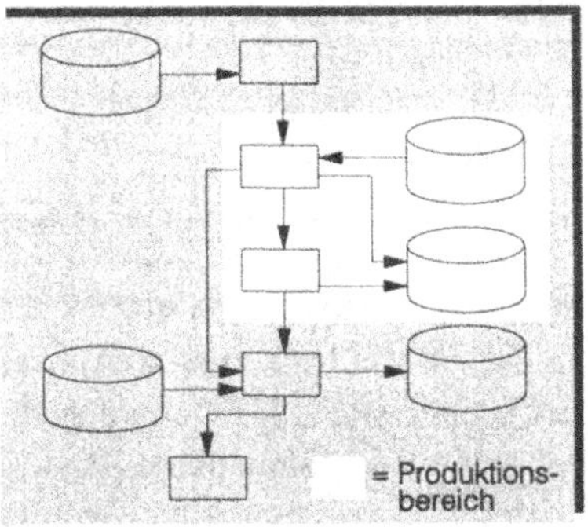

Bild 3-5: Bereichsübergreifender Informationsprozeß

Daneben ist zu beachten, daß die ablauforientierte Darstellungsform nur auf Informationsbeziehungen anwendbar ist, die formal geregelt sind. Eine individuelle, persönliche Kommunikation, z.B. in Form von Rückfragen, ist nur schwer in diese Darstellungsform integrierbar. Der informelle Informationsfluß muß jedoch berücksichtigt werden, da er große Bedeutung hat (DICK U.A. 1995, S. 180).

Die zweite, intensitätsorientierte Darstellungsform, eignet sich - im Gegensatz zur ablauforientierten - gleichermaßen zur Darstellung des formellen wie des informellen Informationsflusses. Sie kann jedoch nicht den sequentiellen Ablauf eines Informationsprozesses zusammen mit den aufgabenträgerbezogenen Funktionen abbilden. Da der zu untersuchende Informationsfluß nur in bestimmten Bereichen der Produktion relevant ist, ist die Rekonstruktion von Prozessen allerdings auch nicht zwingend. Ein weiterer Vorteil der intensitätsorientierten Darstellung ist die Möglichkeit, den zwischen einzelnen Bereichen, in der Regel zwischen einzelnen Arbeitsplätzen, stattfindenden Informationsfluß zu quantifizieren (Bild 3-6) und daraus eine Beziehungsintensität abzuleiten.

Gerade bei Bereichen mit hoher Beziehungsintensität ist es sinnvoll, auf eine Verbesserung des Informationsflusses hin zu arbeiten.

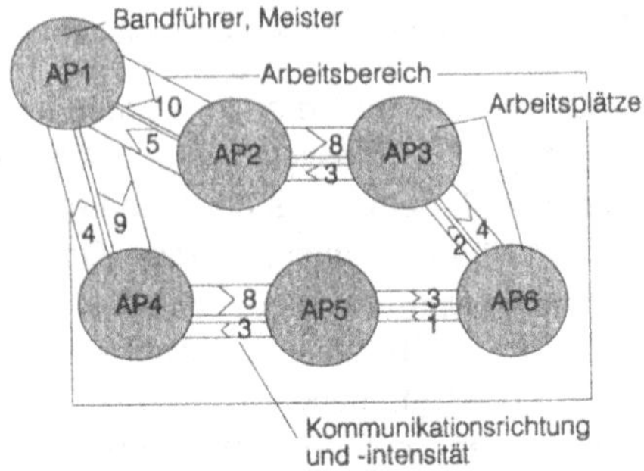

Bild 3-6: Intensitätsorientierte Darstellungsform des Informationsflusses

Die in Bild 3-6 abgebildete Informationslandkarte wird in ähnlicher Form in der Literatur als Kommunigramm (vgl. NIPPA 1991b, S. 1123-1124) oder Informationslayout bezeichnet (vgl. AUGUSTIN 1990, S. 134-136 und S. 147). Das von AUGUSTIN in Bild 3-7 dargestellte Informationslayout wird zur Informationsflußplanung eingesetzt, wobei jedoch lediglich die Datenströme [Byte/Zeiteinheit] zwischen den einzelnen Prozeßträgern betrachtet werden. Im Bild ist dies durch die unterschiedliche Strichstärke zwischen den Prozeßträgern verdeutlicht. Dieser Ansatz ist für die Kapazitätsplanung eines Netzwerks hinreichend. Er ist jedoch ungenügend, wenn die Informationsbeziehungen zwischen den Kommunikationspartnern bewertet und optimiert werden sollen. In diesem Fall muß die Beziehungsintensität durch die Häufigkeit, mit der eine Information übermittelt wird, und ihren Nutzen bestimmt werden. Beide müssen also zahlenmäßig erfaßt werden.

Es ist möglich, die Häufigkeit zu ermitteln, mit der eine Information transferiert wird, indem man sie auf einen Bezugszeitraum bezieht. Für die folgende Analyse gelten eine Woche mit 5 (Arbeits-)Tagen und ein

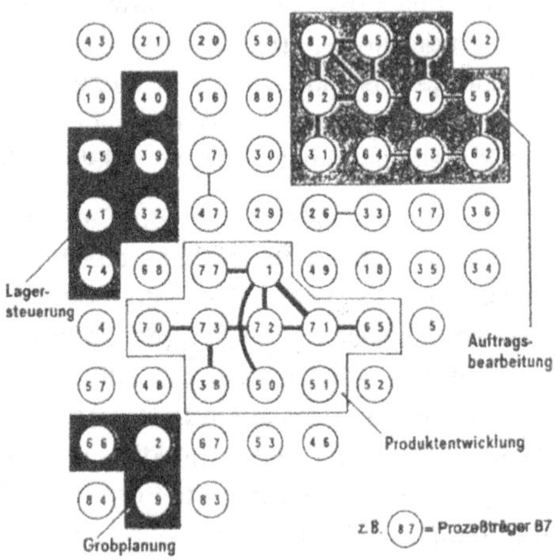

Bild 3-7: Beispiel für ein Informationslayout (AUGUSTIN 1990, S. 136)

Monat mit durchschnittlich 4,3 Wochen bzw. 21 Tagen als Bezugsgröße. Im Gegensatz zur Häufigkeit läßt sich der Nutzen nur schwer bemessen. Man kann unter den gegebenen Bedingungen nicht erwarten, daß der Interviewpartner den Informationsnutzen anhand der auf S. 11 aufgeführten Kriterien exakt bemißt. Deswegen soll er den Nutzen einer Information abschätzen. Zur Wahrung der Übersichtlichkeit bietet es sich an, die bei AUGUSTIN genannten drei Prioritätsklassen als Bemessungsgrundlage zu verwenden. AUGUSTIN (1990, S. 132) unterscheidet:

- lebenswichtige Informationen,
- notfalls durch einen (subjektiven) Erfahrungswert ersetzbare Informationen und
- hilfreiche, aber notfalls verzichtbare Informationen.

Im produktionstechnischen Sinn ist eine 'lebenswichtige Information' eine Information, von der die Prozeßerfüllung unmittelbar abhängt. Beispielsweise kann ohne Material nicht montiert werden, so daß eine rechtzeitige Materialbestellung - die 'lebenswichtige Informationsweiterleitung' - die Produktionsfähigkeit direkt beeinflußt. Eine notfalls durch Erfahrungswerte ersetzbare Information ist beispielsweise der Arbeitsplan bei einer Variantenproduktion. Die Mitarbeiter wissen, daß in der Regel bei allen Varianten eines Getriebes die Wellen seitlich montiert werden, so daß sie auf Basis dieses Erfahrungswertes und durch 'Probieren' ohne die Information des Arbeitsplans auskommen können. Hilfreiche Informationen, die aber kurzfristig geringere Bedeutung haben, sind zum Beispiel Bekanntmachungen, die gängigerweise an einem Schwarzen Brett ausgehängt werden. Bei Verwendung der drei Klassen stützt sich die Abschätzung des Nutzens einer Information in erster Linie auf deren Entscheidungsrelevanz. Der Nutzen ist dabei entweder *hoch*, *mittel* oder *niedrig* bzw. er besitzt die Werte 3, 2 oder 1.

Anhand der ermittelten Werte für Häufigkeit und Nutzen wird nun die Beziehungsintensität quantifiziert. Dabei soll ein relativ unwichtiger, jedoch sehr häufiger Informationsfluß letztlich gleichwertig sein wie einer, der sehr wichtig ist, jedoch selten auftritt. Durch Multiplikation der Zahlenwerte 'Häufigkeit' und 'Nutzen' kann die Beziehungsintensität ausgedrückt werden (siehe Bild 3-8 auf der folgenden Seite). Damit ergibt sich beispielsweise eine auf den Monat (21 Arbeitstage) bezogene Beziehungsintensität von 126 Einheiten aus der Häufigkeit von dreimal pro Arbeitstag und einem mittleren Nutzen von 2 (126 = 3 x 21 x 2).

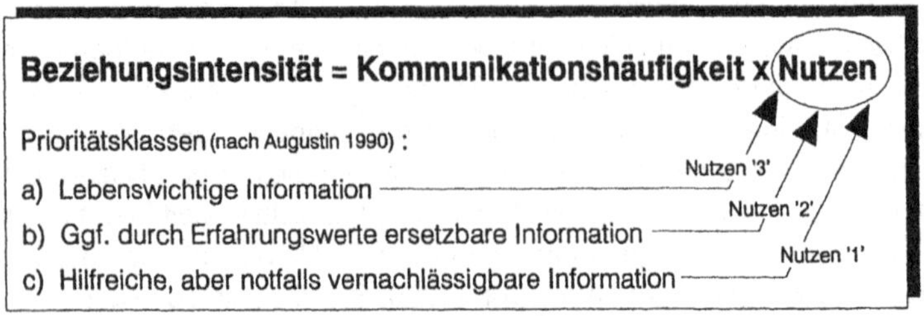

Bild 3-8: Quantifizierung von Informationsflüssen durch Bemessen der Beziehungsintensität

Die Auswahl der für die Analyse benötigten Daten hängt von der gewählten intensitätsorientierten Darstellungsform ab. Folgendes Datenspektrum wird benötigt:

- Gegenstand der übermittelten Informationen,
- Quelle und Ziel,
- Nutzen der Informationen und
- Häufigkeit der Informationsübermittlung.

Daneben sind für die Auswertung noch weitere Daten von Interesse, nämlich:

- die zur Informationsübertragung eingesetzten Sachmittel und
- die zeitlichen Bedingungen der Übermittlung (z.B. die Dauer).

Mit der weiterentwickelten Darstellungsform und dem gewählten Modell zur Quantifizierung von Informationsbeziehungen ist es möglich, unterschiedlich organisierte Produktionsbereiche als Einheiten zu untersuchen und miteinander zu vergleichen. Die hierbei entstehenden Informationslandkarten, die in Abschnitt 3.4 vorgestellt werden, dokumentieren die informationstechnischen Beziehungen und Hierarchien.

3.3 Datenaufnahme- und Analysetechnik

Der Informationsfluß ist stark durch die Organisationsform des jeweiligen Bereichs geprägt. Um eine große Bandbreite an Eingangsdaten zu erhalten, wurden vielfältige, aber dennoch vergleichbare Arbeitsfelder untersucht. Deswegen wurde der Schwerpunkt der Recherche in den Bereich der Montage gelegt, denn dort ist ein breites Spektrum an

Organisationsformen zu finden - von der Komplettmontage in einer Arbeitsgruppe bis zur mengenleistungsorientierten Fließbandmontage. Es werden jedoch jeweils vergleichbare, sowohl direkt wertschöpfende als auch organisatorische Tätigkeiten durchgeführt.

Dem Produktionspersonal in Montagebereichen stehen unterschiedliche Arbeitsunterlagen wie Auftragskarten, Stücklisten, Arbeits- und Rüstpläne sowie Zusammenstellungszeichnungen zur Verfügung. Neben diesen formellen Wissensträgern gibt es einen mündlichen Informationsfluß mit individuellen Qualitäts- und Quantitätsstreuungen (PICOT & REICHWALD 1987, S. 39). Dieser informelle Informationsaustausch betrifft im allgemeinen eher organisatorische Fragen wie die Materialbestellung oder -nachlieferung, Rüstfolgen, Maschinenwartung und den Personaleinsatz. Bei der Informationsflußanalyse gilt es, sowohl die formelle als auch die informelle Information zu berücksichtigen.

Die Datenaufnahme erfolgte durch Befragen der Mitarbeiter auf der Produktionsebene. Um vergleichbare und strukturierte Angaben zu erhalten, wurden die Gespräche mit einem Interviewbogen geführt. Im folgenden wird der Entwurf dieses Leitfadens vorgestellt.

Der strukturierte Aufbau eines Interviews ermöglicht es, die Fragen in Themenbereiche einzuteilen, ihre Abfolge aufeinander abzustimmen und die Beeinflussung durch den Interviewer gering zu halten. Wichtige Richlinien zur Strukturierung sind bei SCHEUCH (1973, S. 90-91), GORDON (1976, S. 403-407) und WITTKOWSKI (1994, S. 35-36) aufgeführt.

Verschiedene Interviewtechniken erlauben es, das Umfeld zu berücksichtigen, in dem das Interview stattfindet. SALCHER (1978, S. 46-50) unterscheidet bei den Techniken zwischen der nichtstandardisierten Form, der halbstandardisierten und der standardisierten. Bei der nichtstandardisierten Form findet ein weitgehend freies Gespräch statt. Die halbstandardisierte Form basiert auf einem Leitfaden, bestehend aus Primärfragen zur Eröffnung eines Themenbereichs und ergänzenden Sekundärfragen, die der Klärung von Mehrdeutigkeiten dienen. Bei der standardisierten Form ist der Ablauf des Interviews durch einen vorgegebenen Fragebogen festgelegt.

Interviewformen kann man auch differenzieren, indem man den Freiheitsgrad der Antwortmöglichkeiten betrachtet. Kann der Befragte nur zwischen fest formulierten Antwortmöglichkeiten auswählen, so liegen geschlossene Fragen vor. Ist er dagegen in seinen Antwortmöglichkeiten weitgehend frei, ist die Fragestellung offen. Bei der Ausarbeitung eines

Interviewkatalogs sind auch diese beiden Fragearten gegeneinander abzuwägen; Vor- und Nachteile der offenen und geschlossenen Fragen werden u.a von SCHEUCH (1973, S. 84) behandelt.

Die Tatsache, daß das Interview mündlich und parallel zur Tätigkeit der Befragten erfolgen soll, muß bei der Wahl der Interviewtechnik beachtet werden. Deswegen ist die Kombination der halbstandardisierten Form mit offenen Fragen günstig, da die Befragten bei Bedarf durch Sekundärfragen unterstützt werden können. Zudem gibt die halbstandardisierte Form dem Interviewer eine größere Flexibilität, so daß die Gefahr einer unvollständigen Datenaufnahme relativ gering ist.

Bei der Formulierung der Fragen werden die bei WITTKOWSKI (1994, S. 34) zusammengefaßten Richtlinien berücksichtigt:

- Die Fragen sollen kurz sein.
- Sie sollen in Wortwahl und Satzbau auf die Kompetenz der Interviewpartner abgestimmt und in alltagssprachlichem Stil formuliert sein.
- Eine Frage soll sich nur auf jeweils einen Inhalt beziehen.
- Fragen, die den Interviewten in Verlegenheit bringen könnten, sollten so formuliert werden, daß er das Gesicht wahren kann.
- Mehrdeutigkeiten sollten vermieden werden.
- Jede Einzelfrage soll sich in den Kontext des Gesamtinterviews einfügen.

Bei der Zielgruppe der Befragung - die Mitarbeiter in der Produktion - muß zudem beachtet werden, daß es sich zum Teil um ausländische Arbeitnehmer handelt, die nur begrenzt die Landessprache beherrschen.

In Bild 3-9 auf der folgenden Seite ist der Fragebogen dargestellt, der als Leitfaden bei der Untersuchung diente. Zu sehen ist der Katalog mit Primär- und Sekundärfragen für das Interview in halbstandardisierter Form. Es wurden offene Fragen gestellt, wobei die Interviewer die Antworten mit einem Aufnahmebogen erfaßten, um die Auswertung zu vereinheitlichen. Die in Bild 3-9 aufgelistete siebte Frage rundet das Interview ab und gab den Interviewten die Möglichkeit, ihre Meinung darüber zu äußern, inwiefern sie ausreichend informiert werden. Es hat sich herausgestellt, daß diese abschließende Frage eine rhetorische ist, da ein Großteil der Befragten kein Informationsdefizit sieht. Dies mag daran liegen, daß die meisten untersuchten Bereiche keine Eigeninitiative fördern und man in dieser Struktur Informiertheit mit Verantwortungspflicht verbindet.

1. Welche allgemeinen Mitteilungen, die Ihren Arbeitstag betreffen, werden bei Arbeitsbeginn oder Arbeitsende ausgetauscht?
Melden Sie sich bei Arbeitsbeginn und Arbeitsende an bzw. ab?
Werden Sie bei Schichtwechsel von Ihrem Vorgänger informiert?
Gibt Ihr Vorgesetzter (Meister) Ihnen Informationen (z.B. Arbeitsplatzzuweisung (job-rotation), Tagesmontageprogramm)?

2. Durch welche Unterlagen oder andere Informationen werden Sie bei der Verrichtung Ihrer Arbeit unterstützt?
Durch Montageunterlagen: z.B. Zeichnungen, Montagestücklisten, Arbeitspläne etc.?
Durch Informationen aus BDE-Systemen?
Durch Rüstunterweisungen?

3. Wie wird bei Ihnen ein neuer Auftrag abgewickelt?
Werden Sie über Auftragsübernahme, Auftragsvorrat und Termine informiert?
Wie werden Fertigungsaufträge eingelastet?
Wie erhalten Sie benötigte Unterlagen, wie melden Sie, daß ein Auftrag fertig ist?
Wie werden Materialbestellungen abgewickelt?

4. Was müssen Sie unternehmen, damit die für die Montage benötigten Teile während der Arbeit zur Verfügung stehen?
Wie werden Dauerverbrauchsteile und Variantenteile bei der Montage bereitgestellt?

5. Angenommen, es gibt Störungen beim Montageablauf. Welche Möglichkeiten zur Behebung haben Sie dann?
Was tun Sie, wenn Sie feststellen, daß Betriebsmittel, Unterlagen, Teile, oder Baugruppen fehlerhaft sind oder fehlen?
Was tun Sie, wenn nicht ausreichend Personal vorhanden ist?
Was tun Sie, wenn Sie Qualitätsmängel am Produkt feststellen?

6. Auf welchem Weg erhalten Sie allgemeine Informationen, die den Produktionsbereich oder das Unternehmen betreffen?
Was für eine Art von Information erhalten Sie am Schwarzes Brett oder über die Werkszeitung (z.B. Produktionskenngrößen)?
Was für eine Art von betrieblicher Information erhalten Sie beim 'Gespräch am Kaffeeautomaten'?

7. Fühlen Sie sich bei der Arbeit in bestimmten Situationen zu wenig informiert?
Haben Sie Verbesserungsvorschläge bezüglich der Informationsversorgung?

Legende:
= Primärfrage
= Sekundärfrage(n)

Bild 3-9: Fragenkatalog als Interviewleitfaden bei der Informationsflußanalyse

Daraus läßt sich zum einen schließen, daß neue Informationskonzepte mit neuen Organisationsformen verbunden werden sollten. Zum anderen kann man davon ausgehen, daß aktives Informieren ein geändertes Bewußtsein bei den Mitarbeitern entwickelt und damit hohes Verbesserungspotential bietet. Diese Annahmen werden durch die Analyse von Bereichen bekräftigt, in denen alle Mitarbeiter den gleichen Informationsstand haben und auch die Verantwortung verteilt ist (siehe Abschnitt 3.4.2). Zum einen ist hier ein hoher Flexibilitätsgrad festzustellen, zum anderen erfolgen die Informationsprozesse mit hoher Effizienz.

3.4 Ergebnisse der Informationsflußanalyse

Mit der vorgestellten Analysetechnik wurden 60 Arbeitsplätze in 11 Montagebereichen bei 4 Firmen an mehreren Standorten untersucht. An allen Standorten wird fast ausschließlich Endmontage betrieben, die Zahl der direkt produktiven Mitarbeiter je Standort geht von 100 bis über 5.000. Das Spektrum der untersuchten Organisationsformen reicht von der getakteten Straße mit geringen Arbeitsinhalten je Arbeitsplatz in der

Automobilendmontage bis zur Komplettmontage von Kleinserien von Heimwerkergeräten in Gruppenarbeit. Die ermittelten Informationsflußstrukturen haben, obwohl sie in unterschiedlichen Bereichen aufgenommen wurden, dort hohe Ähnlichkeit, wo vergleichbare Organisationsformen vorliegen. Beispielsweise konnte festgestellt werden, daß bei getakteten Serienmontagen, die von Einstellern oder Vorarbeitern geführt werden, in unterschiedlichen Unternehmen vergleichbare und teilweise sogar die gleichen Informationsmittel, -wege und -dichten zu finden sind.

In Bild 3-10 sind Kriterien dargestellt, die zusätzlich zur zahlenmäßigen Bewertung von Beziehungsintensitäten (siehe Abschnitt 3.4.4) eine qualitative Beurteilung von Informationsprozessen erlauben. Informationsprozesse sollen schnell, effizient und flexibel sein. Die Geschwindigkeit der Prozesse ist die Voraussetzung für die Aktualität und Verfügbarkeit von Informationen. Der Parameter Effizienz spiegelt den Nutzen, die Zielgerichtetheit und die Strukturiertheit von Informationsprozessen wider. Das Kriterium Flexibilität ist für die Erreichbarkeit der Kommunikationspartner und den Wirkungsradius der Information von Bedeutung. Die Flexibilität bewertet die Qualität von Informationsvorgängen bei hoher Belastung, beispielsweise bei Störungen im Produktionsablauf.

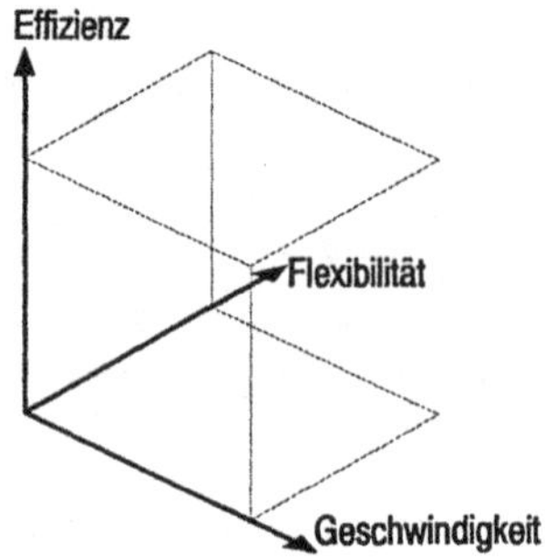

Bild 3-10: Qualitative Kriterien für die Bewertung von Informationsprozessen

Im folgenden werden drei Beispiele vorgestellt, die repräsentativ für drei Arten von Informationsmanagement auf der Produktionsebene sind: die zentral ausgerichtete Informationsflußstruktur, die dezentrale und die gemischte. Signifikant für diese Strukturen sind die Formen der Informationsverteilung und die unterschiedliche Erfüllung der genannten Kriterien Geschwindigkeit, Effizienz und Flexibilität.

3.4.1 Informationsflußanalyse: getaktete Serienmontage von Kleingeräten

Der im folgenden vorgestellte Bereich einer Serienmontage von Kleingeräten ist zentralistisch organisiert. Sechs direkt wertschöpfende

Arbeitsplätze sind einem Bandführer zugeordnet, der alle organisatorischen Tätigkeiten durchführt. An drei Arbeitsplätzen werden Vormontagetätigkeiten durchgeführt (VM1 bis VM3, siehe Bild 3-11 auf der nächsten Seite), an den restlichen drei, die als getaktete Montagelinie angeordnet sind, erfolgt die Hauptmontage (HM1 bis HM3). Dem Bandführer und dem Springer sind das Benutzen von zwei verschiedenen Rechnersystemen zur Materialbestellung und Fertigmeldung von Aufträgen vorbehalten. Zusätzlich haben sie ein Telefon, welches zur Verstärkung des Klingelsignals mit einer Hupe ausgestattet ist. Das Telefon ist hier ein viel eingesetztes Instrument; es wird vom Bandführer im Durchschnitt 20mal, vom Springer etwa 3- bis 4mal am Tag benutzt. Im Bandführerbereich existieren als Informationsbestände eine Änderungsmitteilungssammlung, eine Liste mit den Befehlscodes der Rechnersysteme, ein Telefonverzeichnis, Zeichnungssätze aller im Montagesystem produzierten Typen sowie eine große Anzahl körperlicher Schnittmodelle und Beispielprodukte. Stücklisten werden über eines der zwei Rechnersysteme abgerufen. Der Montagebereich ist einem Meister zugeordnet, der für die Produktionssteuerung mitverantwortlich ist.

Aufträge werden täglich, etwa zwei Tage im voraus, vom Meister als Auftragsplan an den Bandführer weitergegeben. Letzterer gibt die Aufträge dann in Form einer Lohnkarte oder auch nur mündlich zu einem von ihm gewählten Zeitpunkt an das Montagepersonal weiter. Dieser Vorgang kann bis zu 3mal täglich stattfinden. Ist ein Auftrag beendet, werden die Lohnkarten, die der Lohndatenerfassung (Akkordlohn) dienen, vom Bandführer an den Meister zurückgegeben. Fertiggestellte Aufträge werden über eines der zwei Rechnersysteme durch den Bandführer oder auch durch den Springer gemeldet. Materialbestellungen tätigen beide mehrfach täglich über das andere Rechnersystem.

Störungen an den Arbeitsplätzen, z.B. durch defekte Betriebsmittel, werden von den Mitarbeitern an den Bandführer oder an den Springer gemeldet. Je nach Tragweite und Dringlichkeit kommuniziert der Bandführer daraufhin mit externen Spezialisten, meistens telefonisch.

An den einzelnen Montagearbeitsplätzen befinden sich Arbeitsfolgekarten, anhand derer die Arbeitsinhalte nachvollzogen werden können. Diese Informationsquelle wird sehr selten und nur dann benutzt, wenn die Person noch nicht eingelernt ist. In Bild 3-11 ist eine derartige Situation beim dritten Hauptmontageplatz (HM3) anhand der zu sich selbst führenden Beziehungsintensität von 147 Einheiten zu sehen. Der dritte Vormontagearbeitsplatz (VM3) ist der einzige Bereich an dem, je nach Auftrag, verschiedene Montagetätigkeiten durchgeführt werden. Hierfür werden die am Arbeitsplatz vorliegenden Arbeitsanweisungen konsultiert. Aufgrund eines hohen Übungsgrades erfolgt dies jedoch relativ selten, weswegen die zu sich selbst führende Beziehungsintensität nur mit 42 Einheiten quantifiziert ist.

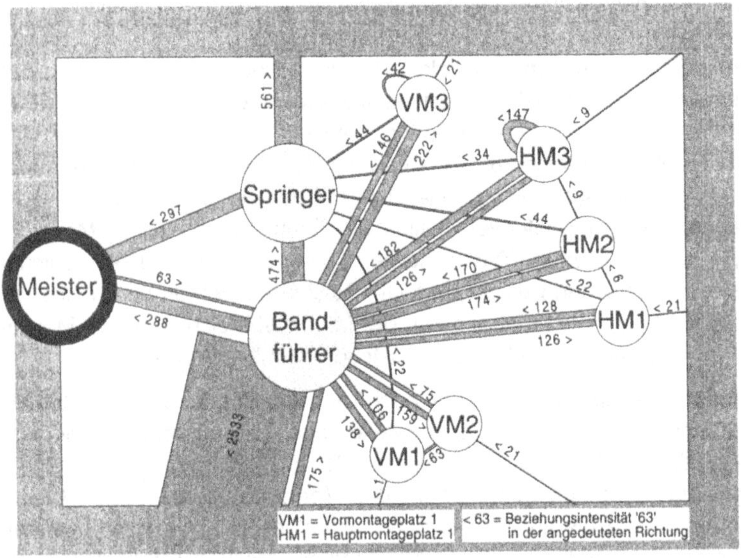

Bild 3-11: Informationslayout eines Bereichs zur getakteten Serienmontage von Kleingeräten

Allgemeine Informationen über das Arbeitsumfeld und das Unternehmen werden mit begrenztem Interesse dem Schwarzen Brett entnommen. Hier schwankt die Beziehungsintensität bei den direkt produktiven Mitarbeitern zwischen 0 Einheiten (VM1 und HM2) und 21 Einheiten (VM3 und HM1).

Beim vorliegenden Montagebereich handelt es sich um ein hierarchisches System. Dies spiegelt sich auch in der Informationsstruktur wider. Der Bandführer ist die kommunikationstechnische 'Nabelschnur' und Drehscheibe. In Bild 3-11 ist dies daraus ersichtlich, daß eine Beziehungsintensität von 2.533 Einheiten zu Bereichen außerhalb der Montageumgebung besteht. Hierbei handelt es sich im wesentlichen um Materialbestellungen, um Fertigmeldungen montierter Lose und um die

Weiterleitung von Störungsmeldungen. Es gibt praktisch keine Informationsbewegung, die ohne den Bandführer vollzogen wird. Der Bandführer ist damit ein zentraler Know-how-Träger mit einer Machtposition. Nahezu seine komplette Kapazität ist für informationsflußtechnische Tätigkeiten erforderlich. Dies liegt mitunter daran, daß er als Informationsschnittstelle einen nicht unerheblichen Teil seiner Zeit mit der Weitergabe von Nachrichten verbringt, wobei eine individuell geartete Informationstransformation stattfindet. Wenn beispielsweise ein neuer Auftrag eingelastet wird, informiert der Bandführer punktweise einzelne Mitarbeiter über zu tätigende Schritte zur Umrüstung des Montagebereichs. Die Beziehungsintensität zwischen dem Bandführer und seinen Mitarbeitern beträgt zwischen 126 und 222 Einheiten (durchschnittlich rund 160 Einheiten). In nur geringfügig reduziertem Umfang gilt dies auch in umgekehrter Richtung. Die durchschnittliche Beziehungsintensität zwischen Mitarbeiter und Bandführer beträgt 135 Einheiten, wobei die Bandbreite zwischen 75 und 182 Einheiten liegt. Bei diesen Informationsprozessen handelt es sich zum Großteil um Störungsmeldungen und um Benachrichtigungen, die den Bandführer darauf hinweisen, daß Material nachgeliefert werden muß.

Die den Bandführer betreffenden Beziehungsintensitäten belaufen sich auf insgesamt 5.285 Einheiten. Im Durchschnitt ist er 12,5 Mal pro Stunde an einem Kommunikationsvorgang beteiligt. Aufgrund der Tatsache, daß der Bandführer der entscheidende Know-how-Träger ist, liegt der Durchschnitt des Nutzens, mit dem die Beziehungsintensitäten bewertet wurden, bei annähernd 3. Es handelt sich also fast bei jedem Kommunikationsvorgang um einen Nachrichtenaustausch, von dem die Produktionsfähigkeit des Montagebereichs unmittelbar abhängt.

Bemerkenswert ist die Tatsache, daß zwischen den direkt wertschöpfenden Mitarbeitern untereinander nur sehr schwache Beziehungsintensitäten bestehen. Lediglich zwischen unmittelbar benachbarten Arbeitsplätzen werden in geringem Maß betriebliche Informationen ausgetauscht, wobei der Nachrichtenaustausch an den in der getakteten Linie befindlichen Hauptmontagearbeitsplätzen besonders gering ist (Beziehungsintensitäten von 6 und 9 Einheiten).

Die Position des Springers wird aus dem in Bild 3-11 dargestellten Informationslayout deutlich. Der Springer ist 'Befehlsempfänger' des Bandführers, was an einer vom Bandführer ausgehenden Beziehungsintensität von 474 Einheiten zu erkennen ist. Als Stellvertreter des Bandführers ist er auch bei Materialnachlieferungen und Störungen

Ansprechpartner für die anderen Mitarbeiter, jedoch eben lediglich in stellvertretender Position, was sich in geringen Beziehungsintensitäten zwischen 22 und 44 Einheiten zeigt. Im vorliegenden Fall verteilt der Springer jedoch im Gegensatz zum Bandführer keine Aufgaben, so daß wiederum eine einseitige Beziehungsintensität besteht. Die Beziehungsintensität des Springers mit Bereichen außerhalb der Systemgrenze (561 Einheiten) ist in Materiabestelltätigkeiten begründet.

Zusammenfassend kann festgestellt werden, daß im untersuchten Montagebereich eine hierarchische Informationsflußstruktur besteht. Der Bandführer ist die zentrale Figur, die fast alle Informationsvorgänge dirigiert. Er ist damit eine Schlüsselfigur. Da der Bandführer als Informationsschnittstelle den Großteil seiner Zeit mit der Weitergabe von Nachrichten verbringt, werden Informationen mehrfach gehandhabt. Hierbei erfolgt neben der Informationstransmission teilweise auch eine subjektive Transformation. Diese mögliche Informationsverfälschung wird auch durch eine Informationsüberlastung hervorgerufen, die beim Bandführer zu erkennen ist. Zudem sind die untersuchten Informationsprozesse durch den redundanten Einsatz mehrerer Informationsträger für ein und denselben Vorgang und durch die mehrstufige Informationsübertragung sehr unstrukturiert, weswegen sich die Bewertung des Kriteriums Effizienz in Bild 3-12 qualitativ im Nullpunkt befindet. Auch der Parameter Flexibilität läßt Optimierungspotential erkennen, da der gesamte Informationsfluß dauerhaft mit der Bereitschaft einer Person (Bandführer) verbunden ist. Obwohl durch den 'direkten Draht' per Telefon einzelne Informationen teilweise sehr schnell verfügbar sind, ist auch das Kriterium Geschwindigkeit tendentiell unbefriedigend erfüllt. Dies liegt daran, daß die Weitergabe von Informationen an ihren Bestimmungsort von einem vom Bandführer bestimmten - und damit unbestimmten - Zeitpunkt abhängig ist. Der untersuchte Montagebereich ist zwar informationsflußtechnisch funktionsfähig, es sind jedoch hohe Reibungsverluste und damit weitreichende Verbesserungsmöglichkeiten erkennbar.

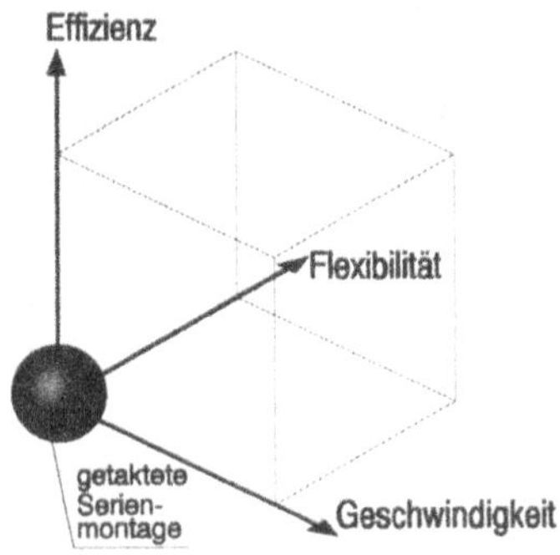

Bild 3-12: Qualitative Bewertung der Informationsflußstruktur 'getaktete Serienmontage'

3.4.2 Informationsflußanalyse: Komplettmontage von Kleingeräten in Gruppenarbeit

Der im folgenden vorgestellte Montagebereich ist repräsentativ für Organisationsformen, die durch eine hohe Selbständigkeit gekennzeichnet sind. Dies wirkt sich auch auf die Informationsflußstruktur aus.

Der Montagebereich zur Komplettmontage von Kleingeräten in Gruppenarbeit besteht aus fünf Arbeitsplätzen (siehe auch Bild 3-13). An zweien findet die Vormontage von Baugruppen statt (VM1 und VM2), an zwei anderen die Hauptmontage (HM1 und HM2). Am fünften Arbeitsplatz werden Qualitätssicherungstätigkeiten (QS) sowie Nacharbeiten ausgeführt. An einem Bereich für organisatorische Belange hat das gesamte Montagepersonal Zugang zu einem DV-System sowie zu einem Telefon. Zudem werden hier unter anderem auch Änderungsmitteilungen der Konstruktionsabteilung, komplette Zeichnungssätze der zu montierenden Produkte, Besprechungsprotokolle der monatlichen Meistersitzung sowie tägliche Ergebnis- und Fehlerprotokolle ausgehängt. Stücklisten und Arbeitsfolgekarten können über das DV-System abgerufen werden.

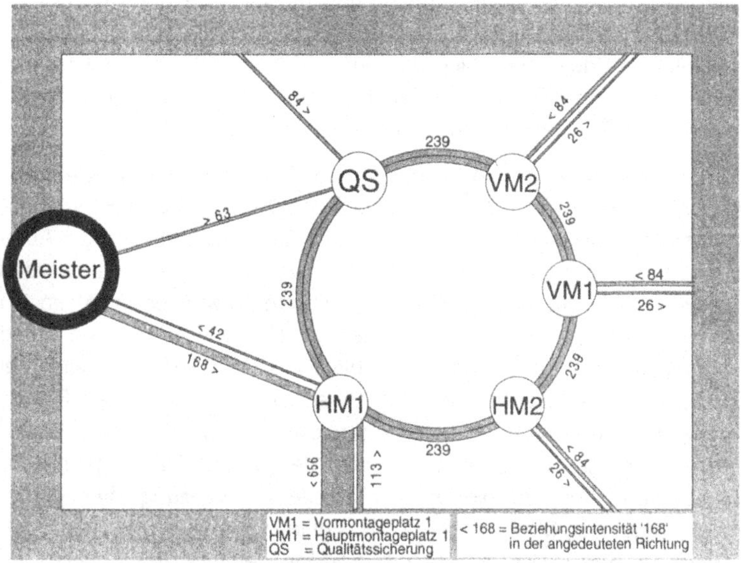

Bild 3-13: Informationslayout eines Bereichs zur Komplettmontage von Kleingeräten in Gruppenarbeit

Die Zuteilung der Arbeitsplätze erfolgt täglich, einen Tag im voraus durch das Montagepersonal selbst. Als Koordinator dient der Gruppensprecher, der gleichzeitig auch erster Ansprechpartner für den Meister ist. Der Gruppensprecher ist Mitglied der Montagegruppe und wechselt in einer festgelegten Reihenfolge. In Bild 3-13 erfüllt die Person am ersten Hauptmontageplatz (HM1) die Funktion des Gruppensprechers. Montageaufträge werden täglich vom Meister in Form einer Auftragskarte in den Montagebereich gegeben, gewöhnlich an den Gruppensprecher. Die Auftragslosgröße liegt durchschnittlich bei 50 Geräten, sie ist jedoch sehr variabel. Pro Gerät entsteht ein Arbeitsinhalt von rund 20 Minuten. Der Auftragsfortschritt kann dem von der Gruppe täglich geführten Ergebnisprotokoll entnommen werden, die Fertigmeldung eines Auftrags erfolgt über das DV-System. Üblicherweise wird diese Tätigkeit vom Gruppensprecher durchführt.

Jeder Mitarbeiter des Montagebereichs kann Materialbestellungen mit dem DV-System tätigen, aber auch hier ist der Gruppensprecher der Hauptaktor. In eiligen Fällen werden Materialanforderungen per Telefon über den 'direkten Draht' beschleunigt. Die in Bild 3-13 abgebildete Beziehungsintensität von 656 Einheiten des Gruppensprechers mit Bereichen außerhalb der Montageumgebung bezieht sich überwiegend auf Materialbestellungen und Meldungen fertiger Aufträge. Die Beziehungsintensität von durchschnittlich 26 Einheiten der anderen montierenden Personen über die Grenze des Montagebereichs hinaus zeigt, daß auch die anderen Gruppenmitglieder Materialbewegungen veranlassen.

Für die Behebung von Störungen ist jeder Mitarbeiter selbst verantwortlich. Wird fehlerhaftes Material an den Montagebereich geliefert, muß sowohl dem Meister als auch der Wareneingangskontrolle und der Abteilung Qualitätssicherung ein Reklamationsbericht zugesendet werden. Erweist sich ein montiertes Gerät als fehlerhaft, wird es direkt im Anschluß nachgearbeitet und erneut geprüft. Die Qualitätsprüfung erfolgt nach einem Prüfplan, der am Arbeitsplatz aushängt, jedoch im allgemeinen nicht konsultiert wird, da das Personal eingearbeitet ist. Für die Nacharbeit existieren keine Anleitungen. Die Montagegruppe als Ganzes trägt die Verantwortung für die Qualität der Geräte. Das Ergebnis von Stichprobenprüfungen, die in einer anderen Abteilung durchgeführt werden, gibt der Meister täglich als Fehlerprotokoll an den Montagebereich zurück. Die Montagemitarbeiter fertigen auf Basis der Fehlerprotokolle eine monatliche Fehlerstatistik an. Für diese Tätigkeit steht ihnen ein PC im Meisterbüro zur Verfügung.

Die Gruppe handelt größtenteils in Eigenregie. Dies spiegelt sich auch in der Informationsstruktur wider. Der in Bild 3-13 (S. 25) dargestellte Doppelkreis mit einer Beziehungsintensität von 239 Einheiten trägt dabei der Tatsache Rechnung, daß betriebliche Kommunikation weithin in Gruppenbesprechungen erfolgt. Alle Gruppenmitglieder sind dabei in den Informationsfluß einbezogen, ohne daß einzelne Punkt-zu-Punkt-Verbindungen bestehen. Aus diesem Grund gibt es für diese spezielle Beziehungsintensität auch keine Richtungspfeile. Allgemeine Informationen über das Unternehmen können einerseits dem Schwarzen Brett entnommen werden, andererseits unterrichtet auch der Gruppensprecher die Mitarbeiter in den Besprechungen hierüber.

Zusammenfassend kann festgehalten werden, daß in dem durch Selbstorganisation gekennzeichneten Montagebereich auch die Informationsflußstruktur von Dezentralisierung gekennzeichnet ist. Dies äußert sich in verhältnismäßig niedrigen Beziehungsintensitäten, die jedoch sehr effektiv gestaltet sind, so daß der Parameter Effizienz zufriedenstellend erfüllt ist (Bild 3-14). Da alle im Bereich tätigen Mitarbeiter sich an den Informationsprozessen aktiv beteiligen können, ist die Flexibilität beim Austausch von verschiedenartigen Informationen weitgehend gewährleistet. Die qualitativen Kriterien Effizienz und Flexibilität sind im vorliegenden Fall jedoch konkurrierende Größen (Bild 3-14), da die Abstimmung zwischen den Beteiligten und der Informationsabgleich nicht systematisiert sind. Deswegen sinkt die Effizienz der Informationsprozesse bei zunehmender Verteilung der Kommunikation auf mehrere Aufgabenträger. Der Parameter Geschwindigkeit ist nicht befriedigend erfüllt, da durch die Informationsverteilung in Gruppenbesprechungen einzelne Informationen nur mit Verzögerung den Bestimmungsort erreichen, worunter deren Aktualität leidet. Der untersuchte Montagebereich zeigt hohe Effizienz bei den Informationsprozessen, wenn es sich um alltägliche Situationen handelt. Das Kriterium Reaktionsfähigkeit als Kombination aus Flexibilität und Geschwindigkeit ist jedoch verbesserungsfähig.

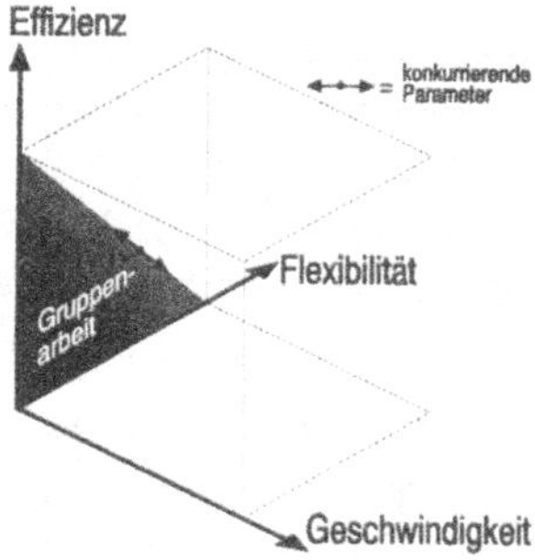

Bild 3-14: Qualitative Bewertung der Informationsflußstruktur 'Komplettmontage von Kleingeräten in Gruppenarbeit'

3.4.3 Informationsflußanalyse: Montageabschnitt in der getakteten PKW-Endmontage

Zuletzt wird noch auf einen Fall eingegangen, der für die Automobilendmontage repräsentativ und von hohem Informationsdurchsatz gekennzeichnet ist. Es handelt sich hierbei um eine hierarchisch organisierte Informationsflußstruktur, die jedoch dezentrale Züge trägt. Im untersuchten Abschnitt einer PKW-Endmontagelinie befindet sich das Fahrzeug in einem relativ kompletten Zustand. Es werden Tätigkeiten mit unterschiedlichem Schwierigkeitsgrad durchgeführt. Einfachere Verrichtungen sind das Einsetzen von Seitenverkleidungen und Sonnenblenden, anspruchsvollere das Montieren sowie Justieren einer optionalen Klimaanlage und das Einstellen des ABS-Bremssystems.

In dem Montageabschnitt sind 11 direkt produktive Mitarbeiter mit Montagetätigkeiten befaßt. Am Ende des Bereichs erledigt ein Nacharbeiter die Tätigkeiten, die nicht mit ausreichender Qualität durchgeführt wurden. Wenn ein schwerwiegender Fehler vorliegt, der aus zeitlichen oder technischen Gründen auch vom Nacharbeiter nicht behoben werden kann, so wird dieser Vorfall von ihm schriftlich in der sogenannten PKW-Akte vermerkt. Nach Fertigstellung des Fahrzeugs und nach der Endkontrolle erfolgt dann die Reparatur in einer fabrikinternen Werkstatt.
Der Informationsfluß zwischen den Montagemitarbeitern und dem Nacharbeiter erfolgt über einen Laufzettel, der zu Beginn des Montagebereichs in das Fahrzeug gelegt wird. Auf dem Nacharbeitspapier sind in groben Zügen die Fahrzeugkomponenten abgebildet, die für die Montageaufgaben relevant sind. Bei einem Fehler kreuzt der Montagemitarbeiter den betreffenden Bereich auf dem Zettel an oder umzirkelt ihn. Durch den auf bildliche Angaben beschränkten Nachrichtenaustausch wird gewährleistet, daß ein Informationsverlust durch unzureichende Sprach- und Schriftbeherrschung weitgehend vermieden wird. Zusätzlich wird das Nacharbeitspapier zum Erstellen einer Qualitätsstatistik gesammelt.

Die durch das Nacharbeitspapier bestehenden Beziehungsintensitäten zwischen Montagepersonal und Nacharbeitsbereich belaufen sich durchschnittlich auf jeweils 210 Einheiten (siehe auch Bild 3-15 auf der folgenden Seite). Dieser Wert entsteht dadurch, daß pro Arbeitsplatz und Schicht im allgemeinen 5 Vorkommnisse auf dem Laufzettel vermerkt werden. Multipliziert mit dem Nutzen 2 und 21 Tagen je Monat ergibt dies die Beziehungsintensität von 210 Einheiten.

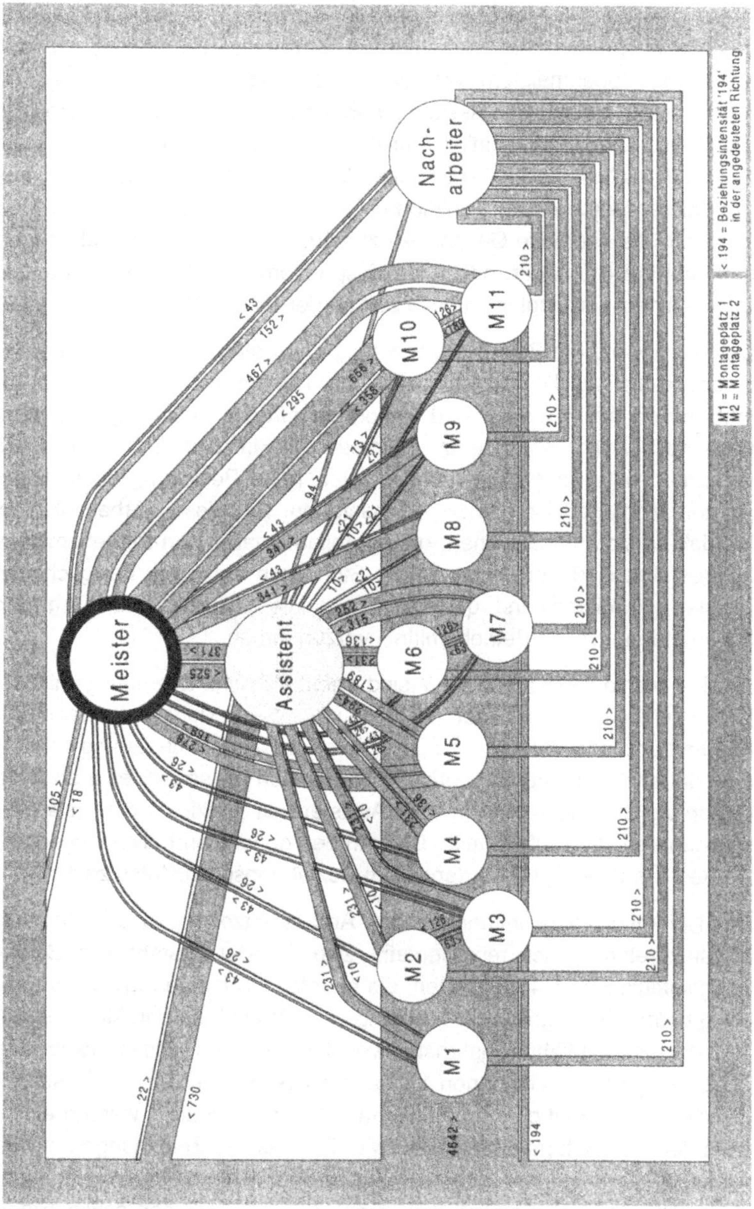

Bild 3-15: Informationslayout eines Montageabschnitts in der getakteten PKW-Endmontage

Organisatorisch wird der Montagebereich von einem Meister und seinem Assistenten betreut. Die nächsthöhere Hierarchiestufe besteht aus sogenannten Zonenmeistern, die für mehrere Montageabschnitte verantwortlich sind. Meister und Assistent haben voneinander klar abgegrenzte Aufgaben. Zur Koordination ihrer Tätigkeiten kommunizieren sie mehrfach täglich, ausschließlich mündlich. Der Meisterassistent ist ein Bandführer, der auch die Funktion eines Springers ausübt und überwiegend für das operative Geschehen zuständig ist. Er hilft dem Montagepersonal bei Störungen oder Qualitätsproblemen und bestellt Material. Der Assistent verbringt die meiste Zeit an der Montagelinie.

Der Meister hat ein Büro in einer Kabine; hier stehen ihm ein unternehmensspezifisches DV-System sowie ein Telefon zur Verfügung. Er ist maßgeblich für Personal- und Entlohnungsfragen zuständig, hat aber auch technische Kompetenz. Letzteres ist in Bild 3-15 daran zu erkennen, daß, ausgehend vom Meister, hohe Beziehungsintensitäten zu den Montageplätzen 8 bis 11 bestehen. Bei diesen Arbeitsplätzen handelt es sich um Stationen, die mit teilautomatisierten Betriebsmitteln ausgestattet sind, an denen häufig Störungen auftreten. Lediglich der Meister ist ausreichend qualifiziert, um die Umprogrammierung der Parameter an diesen Betriebsmitteln vorzunehmen.

An den Montageplätzen 4 bis 7 sind ebenfalls hohe Beziehungsintensitäten zu beobachten. Hier werden u.a. die optionale Klimaanlage montiert und das Vakuum erzeugt. Die erforderlichen Geräte gewährleisten dabei nicht immer die nötige Prozeßsicherheit, so daß es mehrmals täglich zu Störungen kommt. Der Assistent ist prinzipiell die erste Ansprechperson für Problemfälle. Da er in den genannten Fällen kompetent ist, bestehen diese außerordentlichen Beziehungsintensitäten zu ihm.

Der Kommunikationsumfang an den Arbeitsplätzen 1 bis 3 ist für den störungsfreien Betrieb repräsentativ. Zum Meister besteht eine Beziehungsintensität von 43 Einheiten, die hauptsächlich eine tägliche Anmeldung betrifft. In umgekehrter Richtung, vom Meister zu den Mitarbeitern, besteht eine Beziehungsintensität von 26 Einheiten. Diese Beziehung setzt sich aus verschiedenen Kontakten zusammen, die relativ selten, jeweils etwa einmal pro Monat zustande kommen. Hierbei werden einerseits formelle Informationsträger wie Stücklisten, Zeichnungen sowie Arbeitspläne verteilt und andererseits werden im Rahmen eines monatlichen Job-rotations mündlich die Arbeitsplätze zugewiesen sowie Mitteilungen gemacht, die das langfristige Produktionsprogramm betreffen.

Die unter normalen Bedingungen zwischen den Mitarbeitern und dem Assistenten bestehenden Beziehungsintensitäten sind aus 231 Einheiten ausgehend von den Mitarbeitern und aus 10 Einheiten ausgehend vom Assistenten zusammengesetzt (siehe Arbeitsplätze 1 bis 3, Bild 3-15 auf S. 29). Der Großteil der Beziehungsintensität zu dem Assistenten besteht aus der Anforderung seiner Springerfunktion bei Montageproblemen. Die Hilfe des Assistenten kann von jedem Arbeitsplatz aus mittels eines roten Alarmknopfs angefordert werden. Der Assistent wird aber auch häufig 'per Zuruf' über Schwierigkeiten informiert. Neben reinen Montageproblemen wird die Hilfe des Assistenten auch bei Teilemangel, fehlerhaften Teilen, defekten Betriebsmitteln und Konformitätsdiskrepanz der zu montierenden Karossen angefordert.

Wie in Bild 3-15 erkennbar ist, besteht eine sehr große Beziehungsintensität (4.642 Einheiten) zwischen den Mitarbeitern und externen Bereichen. Dieser Informationsfluß ist zur Spezifikation der Karossen erforderlich, die montiert werden sollen. Die Spezifikation besteht aus einem Auftragspapier, welches mit einem Nummernschlüssel und einem Barcode versehen und an die Karosse angeheftet ist. Entsprechend der Anzahl der eintreffenden Kraftfahrzeuge wird das Auftragspapier konsultiert. Dem Zahlenschlüssel gemäß montiert der Mitarbeiter daraufhin die ausstattungsrelevanten Komponenten.
Neben dem Assistenten und dem Meister können auch die Montagemitarbeiter Material mittels Kanban nachbestellen. Dieser Vorgang erfolgt je Mitarbeiter etwa 4mal pro Tag. Der Großteil der mit 194 Einheiten quantifizierbaren Beziehungsintensität zwischen jedem Mitarbeiter und externen Bereichen (siehe Bild 3-15) ist in den Materialbestellungen begründet. Zwischen den Mitarbeitern herrschen nur dann Beziehungen, wenn die Tätigkeiten Zusammenarbeit erfordern. Dies ist beispielsweise bei den Arbeitsplätzen 10 und 11 der Fall.

An den Arbeitsplätzen liegen umfangreiche Unterlagen bezüglich der durchzuführenden Arbeitsinhalte aus, wie Stücklisten, Zeichnungen und Arbeitspläne. Die Unterlagen, die der Meister durchschnittlich 1mal pro Monat aktualisiert, werden im routiniert ablaufenden Arbeitsalltag nicht genutzt, da sie einerseits aufgrund sprachlicher Barrieren nicht für alle Mitarbeiter adäquat sind und andererseits nach der Einlernphase im allgemeinen keinen Informationsgewinn darstellen. Zudem ist bei den ausgetakteten Arbeitsinhalten in der Linie keine Zeit zum Einsehen von Unterlagen vorgesehen.

Zusammengefaßt kann bemerkt werden, daß es sich bei der untersuchten PKW-Endmontagelinie um einen Bereich handelt, bei dem neben dem Materialfluß auch der Informationsfluß streng geregelt abläuft. Zur Handhabung gängiger Vorkommnisse gibt es formalisierte Informationsbeziehungen und -träger. Auf diese Weise werden vergleichsweise ausgeprägte Beziehungsintensitäten effizient gestaltet. Zudem verläuft durch die hohe Formalisierung der Großteil der Informationsprozesse sehr schnell. Bei der Handhabung von außerplanmäßigen Ereignissen gewährleisten der Meister und sein Assistent eine angemessene Flexibilität, sowohl was die zeitliche als auch die inhaltliche Aufteilung von Informationsprozessen anbelangt. Dementsprechend hat der untersuchte Bereich bei den qualitativen Kriterien Geschwindigkeit, Flexibilität und Effizienz erkennbare Stärken, wenn diese jeweils isoliert gefordert sind (Bild 3-16). Ähnlich wie im vorhergehenden Beispiel (Abschnitt 3.4.2) sind die drei Kriterien auch hier konkurrierende Parameter. Die Effizienz der Informationsprozesse reduziert sich dann, wenn die hohe Formalisierung bei außerplanmäßigen Vorkommnissen aufgegeben werden muß. Bei einzelnen Vorgängen gibt es durch personengebundenes Wissen und unsystematische Abstimmungsprozesse Effizienzverluste. In ähnlicher Weise verringert sich die Geschwindigkeit bei höheren Flexibilitätsansprüchen. Auch die Kriterien Effizienz und Geschwindigkeit konkurrieren miteinander, was bei der Kommunikation zwischen den direkt produktiven Mitarbeitern und dem Nacharbeiter erkennbar ist. Dieser Informationsprozeß erfolgt unter zeitlich stark eingeschränkten Bedingungen, so daß die Qualität der Information unzureichend ist und der Nutzen in Frage gestellt werden muß.

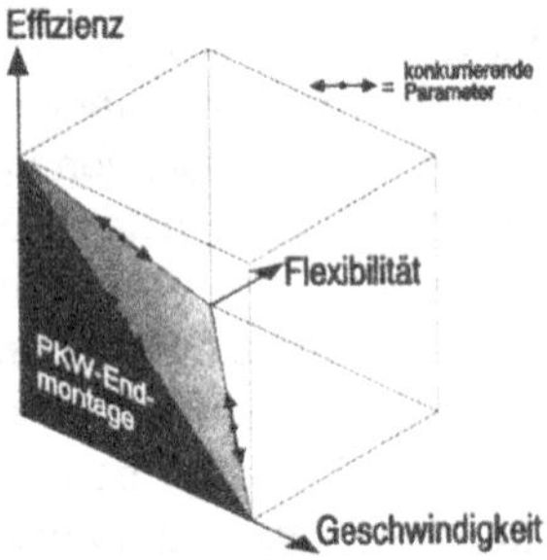

Bild 3-16: Qualitative Bewertung der Informationsflußstruktur 'getaktete PKW-Endmontage'

Insgesamt kann festgestellt werden, daß angesichts des begrenzten Tätigkeitsspektrums des Montagebereichs die Informationsflußstruktur den Erfordernissen entspricht, wobei auch hier Optimierungspotential zu erkennen ist.

3.4.4 Auswertung der ermittelten Beziehungsintensitäten

In den vorangegangenen Abschnitten wurden die informationsflußtechnischen Beziehungen von drei Montagebereichen vorgestellt, die für unterschiedliche Informationsflußstrukturen repräsentativ sind. Aufgrund des Produktspektrums und der damit zusammenhängenden Komplexität, insbesondere aber wegen der verschiedenen Organisationsformen unterscheiden sich die Beziehungsintensitäten hinsichtlich der absoluten Menge und der Aufteilung auf die Beteiligten.

In Bild 3-17 ist eine Übersicht der ermittelten Pro-Kopf-Beziehungsintensitäten der drei Montagebereiche dargestellt. Das auffallend große Volumen an Beziehungsintensitäten im beispielhaften Abschnitt der PKW-Endmontage hat damit zu tun, daß das Produkt variantenreich ist. In den anderen untersuchten Bereichen werden zwar auch Varianten oder sogar unterschiedliche Produkte hergestellt, dies erfolgt jedoch in Losgrößen, bei denen ein Rüsten der Bereiche auf die spezielle Variante vorteilhaft ist. Der Zeitraum zwischen zwei informationsintensiven Rüstvorgängen kann dabei mehrere Tage betragen. Im Gegensatz dazu handelt es sich in der PKW-Endmontage bei jedem Fahrzeug um einen neuen Auftrag, für den es Auftragspapiere gibt. Die Informationsbereitstellung ist dabei so weit formalisiert, daß die direkt produktiven Mitarbeiter hohe Beziehungsintensitäten bewältigen können. Das Beispiel zeigt, daß eine ausgeprägte Informationsdichte auf Produktionsebene handhabbar ist, vorausgesetzt, daß der Informationsfluß hochgradig formalisiert ist.

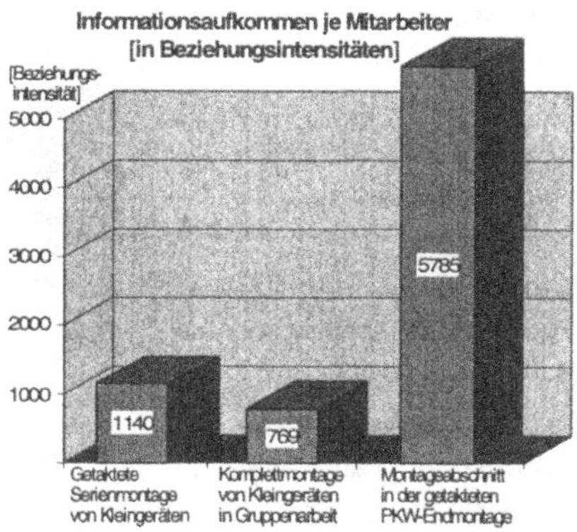

Bild 3-17: Ermittelte Pro-Kopf-Beziehungsintensitäten der drei vorgestellten Montagebereiche

In Bild 3-17 sind auch die Pro-Kopf-Beziehungsintensitäten der beiden Bereiche zur Montage von Kleingeräten abgebildet. Bei der getakteten Serienmontage, bei der ein Bandführer zentral den Großteil der

Informationen verwaltet und verteilt, entsteht eine Pro-Kopf-Beziehungsintensität von 1.140 Einheiten. Bei fast identischen Arbeitsinhalten ist dieser Wert bei der Gruppenarbeit um ca. 30% niedriger (769 Einheiten, siehe Bild 3-17). Der Vergleich zeigt, daß die weitgehend direkte Weiterleitung der Informationen an ihren Einsatzort ohne zwischengeschalteten Vermittler insgesamt ein effektiveres Informationsaufkommen ermöglicht. Die im Rahmen der gesamten Analyse (es wurden 60 Arbeitsplätze untersucht) ermittelte durchschnittliche Pro-Kopf-Beziehungsintensität liegt bei 1.392 Einheiten.

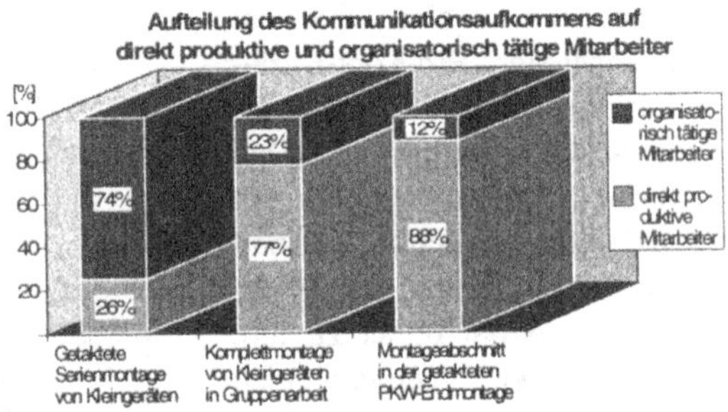

Bild 3-18: Mitarbeiterbezogene Aufteilung des Kommunikationsaufkommens in den drei Beispielbereichen

Bild 3-18 zeigt die Verteilung des Kommunikationsaufkommens in den untersuchten Montagebereichen zwischen direkt produktiven und organisatorisch tätigen Mitarbeitern. Es wird deutlich, daß bei hierarchischen Systemen, bei denen Bandführer die organisatorischen Tätigkeiten durchführen, rund 75% des Kommunikationsaufkommens, bemessen in Beziehungsintensitäten, auf diese Person entfallen. Dies ist bei dem System für die getaktete Serienmontage von Kleingeräten sehr deutlich zu sehen. Bemerkenswert ist die Tatsache, daß bei der Komplettmontage von Kleingeräten in Gruppenarbeit das Verhältnis ziemlich genau umgekehrt ist. Auf die direkt produktiven Mitarbeiter, die an organisatorischen Tätigkeiten beteiligt sind, entfällt 77% des Kommunikationsaufkommens.

Auch bei der Verteilung des Kommunikationsaufkommens bildet der Abschnitt in der PKW-Endmontage eine Ausnahme. Obwohl es sich um einen hierarchisch organisierten Bereich handelt, bei dem zwei Personen für organisatorische Tätigkeiten und für das Bewältigen von Ausnahmesituationen zuständig sind, werden 88% des Kommunikationsaufkommens von den direkt produktiven Mitarbeitern abgedeckt. Dies liegt, wie gesagt, an der Notwendigkeit zur hochfrequenten Informationsbereitstellung beim Bearbeiten von Aufträgen in Losgröße 1.

Als Ergebnis kann festgehalten werden, daß gängigerweise ein hoher Anteil des Informationsaufkommens auf organisatorisch tätige Personen entfällt. Gleichzeitig kann man feststellen, daß, unter entsprechender Voraussetzung, die direkt produktiven Mitarbeiter durchaus den Großteil des Informationsaufkommens handhaben können. Dies gilt dann, wenn ihnen einerseits die Möglichkeit dazu gegeben wird, und sie andererseits für diese Aufgabe ausreichende Kompetenz haben.
Die durchschnittliche Beteiligung der direkt produktiven Mitarbeiter am Informationsaufkommen beträgt 54% (bei Betrachtung der Daten aller 60 untersuchten Arbeitsplätze). Dementsprechend liegt die informationsbezogene Aktivität der organisatorisch tätigen Mitarbeiter bei 46%.

Abschließend ist in Bild 3-19 die Aufteilung des Kommunikationsaufkommens in die Kategorien externer und interner Informationsfluß dargestellt. Zum externen Informationsfluß werden die Vorgänge gezählt, die die betriebliche Kommunikation mit anderen Bereichen anbelangen, also beispielsweise Vorgänge zur Materialbestellung, zur Auftragseinlastung oder zur Störungsbehebung mittels externer Experten. Im Gegensatz dazu betreffen interne Kommunikationsvorgänge die Verteilung von Informationen innerhalb des betrachteten Bereichs. Hierzu zählt die interne Arbeitsorganisation, aber auch zu einem hohen Prozentsatz die Aufbereitung und Weiterleitung externer Informationsvorgänge.

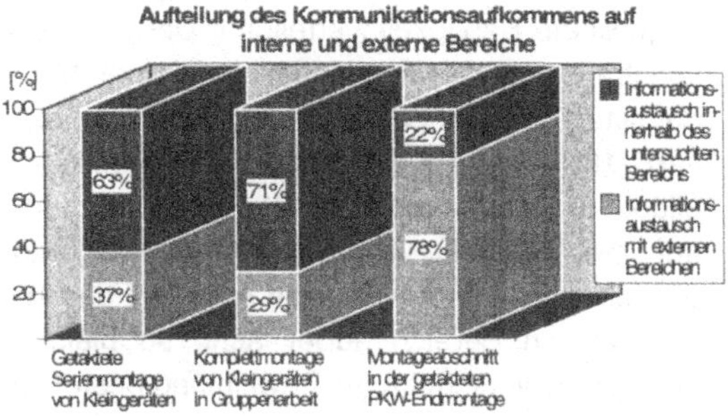

Bild 3-19: Aufteilung des Kommunikationsaufkommens auf interne und externe Bereiche

Bei Einbeziehung aller Daten der 60 untersuchten Arbeitsplätze ergibt sich ein externes Kommunikationsaufkommen von durchschnittlich 39%. Die Quote der durchschnittlichen internen Informationsbeteiligung am Gesamtaufkommen liegt dementsprechend bei 61%. Eine Ausnahme bildet hierbei wiederum die PKW-Endmontage, wo der Anteil des externen Kommunikationsaufkommens bei 78% liegt.

Für den Großteil des Informationsaustauschs mit externen Bereichen ist sowohl im aktuellen Zustand als auch bei neuen, erweiterten Konzepten der Einsatz von Informationsträgern erforderlich. Diese Medien sind auch für Teile des internen Informationsaufkommens einsetzbar, insbesondere dann, wenn es sich um die Weiterleitung von Informationen aus externen Bereichen handelt. Die Informationsträger, die im Rahmen der Analyse untersucht wurden, werden im folgenden Abschnitt vorgestellt.

3.4.5 Ermittelte Informationsträger

Bei den Analysen konnten die in Bild 3-20 abgebildeten Informationsträger ermittelt werden. Bei Summierung aller Eingangsdaten ergibt sich die abgebildete Häufigkeitsverteilung. Der am meisten eingesetzte Informationsträger ist das konventionelle Papier (59%) - im allgemeinen Auftragslaufzettel. An zweiter Stelle stehen nahezu gleichwertig der DV-Einsatz (18%) und die face-to-face Kommunikation (19%). Das Schlußlicht bildet das Telefon mit einer Häufigkeit von nur 4%. Einen großen Einfluß auf die ermittelte Häufigkeit hat, aufgrund des hohen Informationsvolumens, der dargestellte Abschnitt der Automobilendmontage. Läßt man diesen Bereich außer acht, so bleibt jedoch die Aussage bei geringfügig verschobener Gewichtung bestehen.

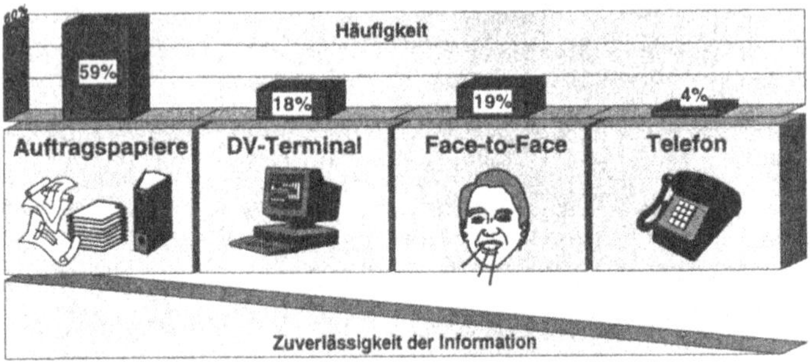

Bild 3-20: In manuellen Arbeitsbereichen gängige Informationsträger

Je nach Organisationsstruktur ist der Einsatz dieser Informationsträger sehr unterschiedlich. Ihr jeweiliger Zuverlässigkeitsgrad konvergiert jedoch. Der Begriff Zuverlässigkeit faßt in diesem Zusammenhang die

Parameter Geordnetheit und Exaktheit aus Anwendersicht zusammen. Eine mittels Auftragspapieren weitergeleitete Information ist aufgrund hoher Formalisierung in hohem Maß zuverlässig, wohingegen eine per Telefon angeforderte oder erhaltene Auskunft aufgrund schlechter Reproduzierbarkeit und Nachvollziehbarkeit einen geringen Zuverlässigkeitsgrad hat. Auskünfte mittels eines bis in den Produktionsbereich reichenden DV-Terminals (PPS-Terminal) stehen, was die Zuverlässigkeit anbelangt, nur an zweiter Stelle (Bild 3-20), da die Datenbestände wegen unzureichender oder zu aufwendiger Pflege bei den Benutzern nur bedingte Glaubwürdigkeit und damit Akzeptanz genießen.
Der Informationsaustausch über den persönlichen Kontakt (face-to-face Kommunikation) erfolgt weniger strukturiert als der per Bildschirm, weswegen der Zuverlässigkeitsgrad der Mitteilungen geringer ist. Die face-to-face Kommunikation verläuft jedoch konkreter als Telefongespräche, da zusätzlich gestikuliert und ein Vorgang gegenständlich demonstriert werden kann. Sowohl bei der face-to-face Kommunikation als auch beim Telefongespräch ist die Reproduzierbarkeit nicht eindeutig, wodurch Fehlinterpretationen auftreten können.
Die Erkenntnisse hinsichtlich der Zuverlässigkeit stimmen weitgehend mit der von KLINGENBERG & KRÄNZLE (1983, S. 106) durchgeführten Bewertung von Kommunikationsmitteln im Bürobereich überein, wobei hier der Einsatz von vernetzten DV-Systemen aufgrund mangelnder Verbreitung zum Untersuchungszeitpunkt nicht berücksichtigt wurde.

Zusammengefaßt kann festgestellt werden, daß hohe Formalisierung und Reproduzierbarkeit die Zuverlässigkeit der Informationsprozesse steigert. Zuverlässige Informationen ermöglichen im allgemeinen auch effiziente Informationsprozesse, wobei das Kriterium Effizienz nicht nur aus der Sicht des Informationsempfängers bewertet werden darf. Der Erstellungs- sowie Aktualisierungsaufwand durch Informationstransformation und die Leistung zur Speicherung und zum Transport der Informationen sind ebenfalls zu berücksichtigen.

3.5 Konsequenzen für ein Konzept zur Verbesserung der Kommunikationsvorgänge

Mit der Informationsflußanalyse wurden Kommunikationswege sowie -träger in manuellen Arbeitsbereichen dokumentiert und bewertet. Hierfür wurden mittels Interviewtechnik Montagebereiche mit unterschiedlichen Organisationsstrukturen untersucht. Es wurde festgestellt, daß es Kommunikationshierarchien gibt, und Informationsbeziehungen konnten quantifiziert werden. Die aktuellen Kommunikationsvorgänge auf der Produktionsebene sind umfangreich und vielschichtig, zahlreiche Informationsträger in unterschiedlichen Ausprägungen kommen zum Einsatz. Die Kommunikationsvorgänge auf der Produktionsebene können in vielerlei Hinsicht verbessert werden, um Informationen zukünftig zielgerichteter zu nutzen.

Es hat sich herausgestellt, daß die direkt produktiven Mitarbeiter unter entsprechenden Voraussetzungen den Großteil des Informationsaustauschs bewältigen können. Zu diesen Voraussetzungen gehören die Qualifizierung der Mitarbeiter für den Umgang mit Informationen und deren Unterstützung durch zuverlässige Informationsträger.
In den untersuchten Bereichen kann man effiziente Kommunikation erreichen, indem die Informationen direkt an ihren Einsatzort weitergeleitet werden, ohne zwischengeschaltete Vermittler, und ein hoher Formalisierungsgrad die Informationen komprimiert und kanalisiert.
Wie gezeigt wurde, erfordern Informationsvorgänge mit hoher Geschwindigkeit den Einsatz eines schnellen Mediums, beispielsweise ein Telefon.
Die Flexibilität von Kommunikationsprozessen ist in aktuellen Informationsflußstrukturen dann gewährleistet, wenn mehrere Personen als Ansprechpartner dienen, so daß die Verfügbarkeit der Kommunikationspartner erhöht wird.

Eine elementare Schwachstelle der ermittelten Informationsflußstrukturen ist, daß sich die Kriterien Geschwindigkeit, Flexibilität und Effizienz gegenseitig ausschließen. Die Effizienz der Informationsprozesse reduziert sich, wenn schnelle, aber meistens unstrukturierte Informationsträger eingesetzt werden. Flexibilität ist allgemein nur dann vorhanden, wenn mehrere Aufgabenträger am Informationsaustausch beteiligt sind, wodurch, aufgrund von Redundanz und unsystematisiertem Informationsabgleich, die Effizienz und auch die Geschwindigkeit sinken.

Umgekehrt ist die Flexibilität stark eingeschränkt, wenn formalisierte Informationsträger eingesetzt werden, z.B. Auftragslaufzettel. Letztere sind zwar meistens sehr effizient, eignen sich jedoch aufgrund der körperlichen Form nicht als schnelles Medium.

Zur Verbesserung der Kommunikationsvorgänge auf Produktionsebene müssen die direkt betroffenen Mitarbeiter in das Informationsgeschehen einbezogen werden. Sowohl die Mitteilungen für die Mitarbeiter als auch die Nachrichten von ihnen müssen auf schnellem Weg zugänglich gemacht werden, damit die Ressource Information nutzbringend verwendet werden kann.
Um dies zu erreichen, ist ein bidirektionaler und homogener Kommunikationskanal anzustreben, der den Mitarbeitern für alle Kommunikationsvorgänge zur Verfügung steht. Der Einsatz der vernetzenden Datentechnik als Informationsträger bietet dabei die Möglichkeit, die Nachteile konventioneller Informationsflußstrukturen auszuschließen und Geschwindigkeit, Flexibilität sowie Effizienz zu vereinen. Strukturierte sowie zielgerichtete Informationsverteilung, konsistente Datenhaltung, zeitliche Vorteile und ein breites Spektrum an Kommunikationsformen sind somit realisierbar.

Als Konzept für die weitere Arbeit gilt es, ein Kommunikationsmodell zu erarbeiten, das individuelle Eigenschaften der Mitarbeiter auf der Produktionsebene abbildet. Hierzu gehören beispielsweise ihr Leistungsangebot, Zuständigkeiten und Befugnisse. Zudem sollen Entscheidungsprozesse und Ereignisbehandlungen verdeutlicht werden. Damit wird gewährleistet, daß alle Beteiligten über die Fähigkeiten der anderen Netzwerkteilnehmer informiert sind und umgekehrt das eigene Verhalten offenlegen - eine Voraussetzung für die Kommunikation in einem Datennetzwerk. Die transparente Einbindung der Mitarbeiter auf der Produktionsebene in die vernetzende Informationstechnik ist die Basis für den bidirektionalen Informationsaustausch, der effektiv und reaktionsfähig dazu beiträgt, zielgerichtete Informationen zum richtigen Zeitpunkt am richtigen Ort für produktionsrelevante Zwecke zu nutzen.

4 Anforderungen bei der informationstechnischen Integration des Produktionspersonals

4.1 Zielsetzung und Vorgehen zur Definition von Anforderungen

Ziel der vorliegenden Arbeit ist die Entwicklung eines Konzepts zur informationstechnischen Integration manueller Arbeitsbereiche, so daß Informationen in benötigter Quantität und Qualität zum erforderlichen Zeitpunkt zur Verfügung gestellt werden. Dies ist die Voraussetzung dafür, daß die Mitarbeiter verschiedene Tätigkeiten flexibel bearbeiten können. Neben Montage-, Nacharbeits- und Qualitätsmanagementtätigkeiten gehören zu diesen Aufgaben auch die Störungsbehebung sowie die Wartung von automatisierten Stationen. Die Definition von Anforderungen an die Menschen und das Arbeitssystem bietet die Grundlage für die informationstechnische Integration der Mitarbeiter auf der Produktionsebene.

Im folgenden werden die Anforderungen bei der informationstechnischen Integration des Produktionspersonals gegliedert in

- Anforderung an den Funktionsumfang,
- technische Anforderungen,
- Anforderungen an die Mitarbeiter und
- Forderungen der Mitarbeiter.

Im ersten Schritt werden der Funktionsumfang, die Kommunikationsformen und die zu transferierenden Dokumente sowie Datenmengen ermittelt (4.2). Hieraus lassen sich wiederum die technischen Anforderungen an die Infrastruktur für den Datenaustausch ableiten (4.3). Da die Vernetzung manueller Arbeitsbereiche mit anderen Unternehmensbereichen die Ausprägung menschlicher Arbeit beeinflußt, werden Anforderungen und anzustrebende Formen der Arbeitsgestaltung auch aus arbeitswissenschaftlicher Sicht betrachtet. Zum einen wird auf die Anforderungen an das Personal (4.4) und zum anderen auf die Forderungen und Ansprüche der Mitarbeiter im Arbeitsumfeld (4.5) eingegangen.

4.2 Anforderung an den Funktionsumfang

Ausgehend von der Informationsflußanalyse (Abschnitt 3.4) wird der Kommunikationsbedarf in manuellen Arbeitsbereichen aufgezeigt, wobei Art und Umfang der Kommunikationsfunktionen definiert werden sollen. Im ersten Schritt wird der Kommunikationsbedarf in den bisherigen, informationstechnisch nicht vernetzten Arbeitssystemen zusammengestellt. Er ist ein Teil des benötigten Nachrichtenaustauschs und wird deswegen als Anforderung an die Kommunikationsfunktionen übernommen. Im zweiten Schritt werden die zusätzlichen Funktionen ermittelt, die erforderlich sind, wenn datentechnische Medien eingesetzt und Arbeitsinhalte erweitert werden.

An der bisherigen Schaltstelle von manuellen Arbeitsplätzen erfolgt ein intensiver Informationsaustausch mit anderen Unternehmensbereichen (siehe auch Bild 4-1). Mit 'Schaltstelle' (siehe auch Abschnitt 3.4) ist die Instanz gemeint, die Aufträge annimmt und handhabt. Bei der Auftragseinlastung werden hier verschiedene Unterlagen und Angaben ausgetauscht. Zusätzlich verschaffen sich die Verantwortlichen weitere Informationen, beispielsweise wann welches Material zur Verfügung steht. Bei außerplanmäßigen Vorkommnissen werden u.U. mehrfach Nachrichten mit anderen Unternehmensinstanzen ausgetauscht (z.B. wenn eine Störung vorliegt). Abschließend wird die Fertigstellung des Auftrags gemeldet. In der Regel werden mehrere Aufträge parallel gehandhabt. Was den Funktionsumfang bei der informationstechnischen Integration des Produktionspersonals angeht, ergeben sich folgende Anforderungen:

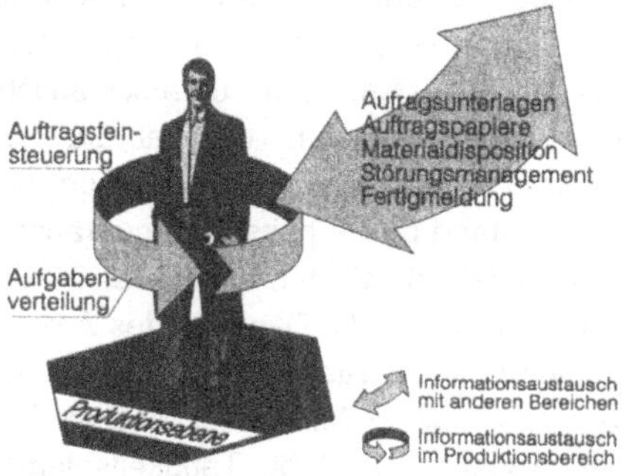

Bild 4-1: Informationsfluß zur Auftragsabwicklung

- Jegliche Art von Arbeitsunterlagen soll über das Netzwerk abrufbar sein.
- Mehrere Aufträge und damit 'Kommunikationskanäle' sollen parallel verwaltet werden können.

Durch verbesserte Kommunikationsmöglichkeiten soll nicht nur der Informationsfluß verbessert, sondern auch die Grundlage für die Erweiterung des Einsatzbereichs von Mitarbeitern in der Produktion geschaffen werden. Zusätzlich zum Informationsaustausch bei der konventionellen Auftragsabwicklung werden darum im folgenden die Kommunikationsanlässe vorgestellt, die sich aus einer Aufgabenerweiterung ergeben können.

Bild 4-2: Leistungsangebote und -nachfrage transparent machen

Im Rahmen der sinnvolleren Nutzung von 'Manpower' sollen zum einen die Mitarbeiter ihrer Qualifikation entsprechend verschiedene Tätigkeiten anbieten und ausführen können. Zum anderen sollen die unterschiedlichen auf der Produktionsebene verteilten Leistungen auch für die Auftragseinlastung und -bearbeitung genutzt werden. Um unterschiedliche Leistungen anbieten und abrufen zu können, müssen die Konfiguration und der Zustand des Arbeitssystems transparent gemacht werden (siehe auch Bild 4-2). Hierbei ist die Dynamik des Arbeitssystems zu berücksichtigen, die durch unterschiedliche Mitarbeiter und vielfältige Aufgaben entsteht. Tätigkeitselemente sollen Tätigkeitsfeldern zugeordnet werden können. Die Konfiguration des Systems, die angebotenen Leistungen und der aktuelle Zustand sollen für alle Beteiligten transparent gemacht werden. Die Mitarbeiter sollen dabei als Individuen mit spezifischen Fähigkeiten repräsentiert werden. Es lassen sich die folgenden Anforderungen zusammenfassen:

- Der Status des Arbeitssystems soll dargelegt werden.
- Die Eigenschaften, die Konfiguration und die Leistungen des Systems sollen transparent gemacht werden.

Ein weiteres Kriterium für die flexible Auftragsbearbeitung bezieht sich auf die zeitliche und inhaltliche Arbeitsteilung. Bisher ruhen an manuellen Arbeitsplätzen die meisten Tätigkeiten nach Schichtende. Bei einzelnen Prozessen und geeigneter Gestaltung der Betriebsmittel ist es aber durchaus möglich, in der mannarmen dritten Schicht im Automatikbetrieb zu arbeiten. Eine inhaltliche und zeitliche Arbeitsteilung ist in einem teilautomatisierten Arbeitsbereich möglich, in dem Menschen und Maschinen zeitlich entkoppelt wertschöpfend tätig sein können. Für die Definition der Kommunikationsfunktionen bedeutet dies, daß auch ohne den Menschen eine Verbindung zum Arbeitsplatz herstellbar sein muß. Einerseits sollen die eingelasteten Prozesse kontrolliert und andererseits sollen Betriebsdaten abgerufen werden können. Die Konsequenz ist, daß der Mensch mit seiner Arbeitsumgebung abgebildet werden muß (Bild 4-3). Die folgende Anforderung soll bei der informationstechnischen Integration des Produktionspersonals berücksichtigt werden:

Bild 4-3: Der Mensch mit seiner Arbeitsumgebung

- Der mannlose Betrieb soll möglich sein; auch wenn keine Mitarbeiter anwesend sind, muß das System kommunikationsfähig sein.

Ein weiterer Gesichtspunkt für die Definition von Anforderungen an den Kommunikationsumfang betrifft die Form des Informationsaustauschs. Zur Auftragsabwicklung sind, wie beim Einsatz konventioneller Informationsträger, Bild-, Text- und im Bedarfsfall auch Toninformationen erforderlich. Diese sollen jedoch nicht, wie bisher weitgehend verbreitet, als Papiere (siehe Abschnitt 3.4.6), sondern als Datendokumente gehandhabt werden. Dies ist die Grundlage für die schnelle Bereitstellung aktueller und konsistenter Daten. Das Format der ausgetauschten Dokumente soll dabei nicht von vornherein festlegt werden, da das zu entwickelnde Arbeitsplatzsystem universell einsetzbar sein soll.

- Für die Auftragsabwicklung sollen als Basisdaten Bild-, Ton- und Textinformationen ausgetauscht werden. Das Format der zu übermittelnden Daten soll prinzipiell frei wählbar sein.

Der Informationsbedarf der Mitarbeiter bei der Vergabe verschiedenartiger Aufträge (Störungsbehebung, Nacharbeit, Montage) ist höher als bei der Bearbeitung gleichbleibender Aufgaben, bei denen sich ein gewisser Gewohnheitsgrad ergibt. Deshalb muß die Möglichkeit geschaffen werden, bei Bedarf zusätzliche Informationen und Hilfestellung anzufordern. Informationen sollen bidirektional austauschbar sein, um zum einen dialogorientierte Kommunikation zu erlauben und zum anderen dem Produktionspersonal zu ermöglichen, Auftragsdaten zu aktualisieren. Zudem soll die Möglichkeit bestehen, zu jedem Zeitpunkt zu kommunizieren, um auch auf außerplanmäßige Ereignisse reagieren zu können. Es lassen sich die folgenden Anforderungen zusammenfassen:

- Neben den 'gängigen', formalisierten Auftragsunterlagen sollen auch zusätzliche, individuell gestaltete Informationen abrufbar bzw. anforderbar sein.
- Bidirektionale Kommunikation soll möglich sein, wobei die Initiative zum Nachrichtenaustausch von allen Kommunikationspartnern ausgehen können soll.
- Es soll jederzeit kommuniziert werden können.
- Ereignisse sollen mittels Meldungen über das Netzwerk transparent gemacht werden.

Durch das Erfüllen der vorgestellten Anforderungen wird das Repräsentieren teilautomatisierter Arbeitsbereiche als Einheit möglich. Hierdurch entsteht auf der Produktionsebene ein Pool von Potentialen, der bedarfsorientiert genutzt werden kann, da das angebotene Leistungsspektrum bekannt ist und die Möglichkeit zur Kommunikation mit den Beteiligten besteht.

4.3 Technische Anforderungen

Aus den Anforderungen an die Kommunikationsfunktionen lassen sich die technischen Randbedingungen für das Arbeitsplatzsystem ableiten. In den folgenden drei Abschnitten werden die Anforderungen an die Datenübertragung, die Übertragungssicherheit und die Kompatibilität von Datenschnittstellen erarbeitet.

4.3.1 Datenübertragung

Aus netzwerktechnischer Sicht kann die industrielle Kommunikation in drei Grobbereiche eingeteilt werden: die Bereiche der Fabrik-, der

Zellen- und der Feldkommunikation (siehe auch Bild 4-4). Je nach Anwendung herrschen in diesen Bereichen sehr unterschiedliche Anforderungen an den Datentransfer.

Einsatzbereich	Netzwerkbereich	Verwendete Technik	Spezifikation
Fabrikkommunikation	Wide Area Network (WAN)	ATM X.25	
Zellenkommunikation	Local Area Network (LAN)	FDDI Ethernet	ISO 9314 IEEE 802.3
Feldkommunikation	Field Area Network (FAN)	Feldbus	z.B. DIN 19245 (PROFIBUS)

Bild 4-4: Netzwerkhierarchie im industriellen Unternehmen (in Anlehnung an HEIMBOLD & KRIESEL 1994, S. 79)

Das Produktionspersonal, das informationstechnisch mit anderen Bereichen vernetzt werden soll, befindet sich auf derselben Ebene wie die Produktionsmaschinen (z.B. NC-Maschinen oder Roboter). Als Partner für den Informationsaustausch kommen ebenfalls 'vernetzte Mitarbeiter', die Maschinen der gleichen Ebene und übergeordnete Bereiche, wie beispielsweise die Leitebene, in Betracht. Nach ISO/IEC 9506-6 (1994, S. 17) werden Kommunikationsbeziehungen in Klassen eingeteilt (Bild 4-5). Hiernach findet Kommunikation der Klasse A zwischen (Leit-)Rechnern und Systemen zur Prozeßkoordination, wie Industriesteuerungen, sowie zwischen verschiedenen Systemen zur Prozeßkoordination statt. Unter Kommunikation der Klasse B wird die Interaktion zwischen den an der Prozeßkoordination beteiligten Komponenten verstanden, also Kommunikation innerhalb der Zellenebene. Kommunikation der Klasse C erfolgt zwischen den Steuerungen und den Sensoren bzw. Aktoren auf Feldebene.

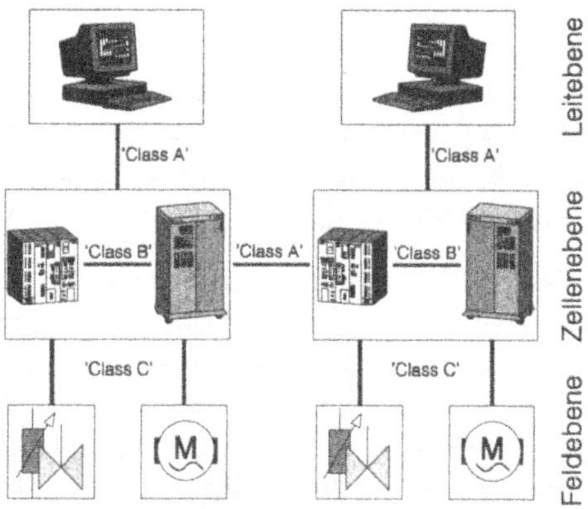

Bild 4-5: Klassen der industriellen Kommunikation (nach ISO/IEC 9506-6 1994, S. 17)

Der Kommunikationsradius des Arbeitsplatzsystems, an dem Mitarbeiter von Produktionsbereichen tätig sein sollen, betrifft maßgeblich die in Bild 4-4 gezeigte Zellenkommunikation und umfaßt die in Bild 4-5 dargestellten Klassen A und B.

Im vorhergehenden Abschnitt wurde der Bedarf des Transfers von Bild-, Text- und Tondateien als Anforderung definiert. Die Größe der Dateien liegt im Megabyte-Bereich. Für die Speicherung von Sprache sind beispielsweise rund 1 Megabyte und für Video bis zu 15 Megabyte pro Minute erforderlich. Der Zeitraum für die Datenübertragung soll im Sekundenbereich liegen, da das Arbeitsplatzsystem flexibel und schnell neue Informationen erhalten soll. Hieraus leitet sich eine erforderliche nominelle Übertragungsgeschwindigkeit ab, die zwischen 1 und 10 MBit/s liegt.

Da das Arbeitsplatzsystem auch für die Kommunikation zwischen verschiedenen Unternehmensbereichen eingesetzt werden soll, liegt die Distanz zwischen den Kommunikationspartnern in einem Netzwerkabschnitt bei einigen hundert Metern, in Ausnahmefällen bei einigen Kilometern, jedoch kaum über 10 Kilometern. In Bild 4-6 ist eine Übersicht unterschiedlicher Netzwerkbereiche unter Berücksichtigung der Parameter Übertragungsrate und Übertragungsentfernung dargestellt. Das Arbeitsplatzsystem liegt demnach in dem Bereich, in dem sich lokale Netze (LAN) mit Feldbussen (FAN) überschneiden.

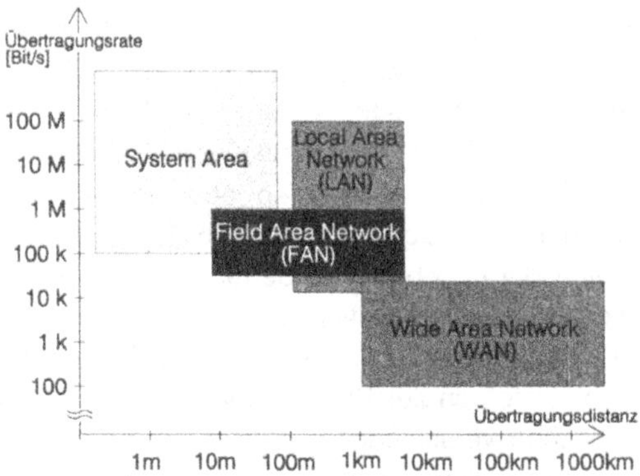

Bild 4-6: Einordnung von Netzen in die Parameterbereiche der Kommunikationstechnik (nach HEIMBOLD & KRIESEL 1994, S. 77)

Neben der Übertragungsdistanz und der Übertragungsrate muß auch die Echtzeitfähigkeit berücksichtigt werden. Der Begriff Echtzeitfähigkeit sagt aus, daß ein System innerhalb einer vorgegebenen Zeitspanne auf eine Anfrage reagiert (DIN 44300 1988, S. 3). Die informationstechnische Kommunikation mit dem Produktionspersonal soll möglichst schnell und determiniert erfolgen. Da zu dem in Abschnitt 4.2 definierten Funktionsumfang jedoch keine echtzeitkritische Prozeßführung gehört, gibt es keinen Grund, Echtzeitfähigkeit als zwingende Anforderung vorauszusetzen. Die Anforderungen an das zeitliche Verhalten des

Systems werden noch einmal in Zusammenhang mit den Forderungen der Benutzer in Abschnitt 4.5.3 behandelt.

Zusammengefaßt ergeben sich folgende technische Randbedingungen an die Datenübertragung von und zu dem Arbeitsplatzsystem:

- Die Datenübertragung soll innerhalb des Netzwerkbereichs über eine Distanz von einigen hundert Metern bis zu maximal einigen Kilometern möglich sein.
- Als Mindestübertragungsgeschwindigkeit sind Werte zwischen 1 und 10 MBit/s anzustreben (nominelle Übertragungsgeschwindigkeit).

4.3.2 Übertragungssicherheit

Für den Zweck der Informationsübertragung soll das Arbeitsplatzsystem in ein industrielles Rechnernetzwerk eingebunden werden. Datenübertragung dieser Art ist Störungen ausgesetzt (Bild 4-7), so daß die Nachricht den Kommunikationspartner möglicherweise verfälscht, unvollständig oder gar nicht erreicht.

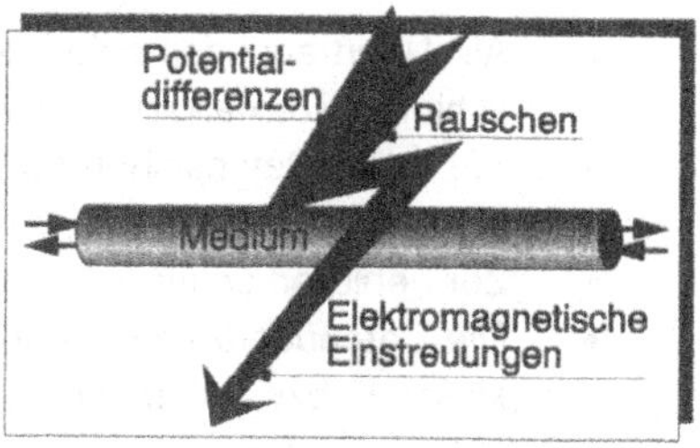

Bild 4-7: Störungen bei der Datenübertragung

Um die Datenübertragung zum Produktionspersonal nicht durch Störeinflüsse beeinträchtigen zu lassen, sind Maßnahmen zur Datensicherung anzustreben. Zum einen kann die Infrastruktur durch technische Vorkehrungen gegen Fehleranfälligkeit geschützt werden, beispielsweise durch Abschirmung der Kabel, und zum anderen können die übertragenen Nachrichten auf Fehlerhaftigkeit überprüft werden. Zur Fehlerbehebung ist es in den meisten Fällen am besten, das gestört empfangene Nachrichtentelegramm neu zu übertragen (FRIEDERICH 1993, S. 51). Zur Fehlererkennung werden unterschiedliche Techniken eingesetzt, wie das Verfahren der zyklischen Blockprüfung (Cyclic Redundancy Check, CRC) oder die Blockprüfsummenbildung (Block Check Character, BCC). Die wirksamste Fehlererkennung wird mit dem CRC-Verfahren erreicht (BRESCH U.A. 1991, S. 61), weswegen es für die Datenübertragung zum Produktionspersonal eingesetzt werden soll. Die Verfahren zur Datensicherung, die für die maschinennahe Telegrammübertragung eingesetzt werden, sind in DIN 66219 (bzw. ISO 1155 und ISO 2111) beschrieben.

Das Maß der Datensicherheit kann nach HAMMING (1987) mit der sogenannten Hamming-Distanz oder nach DIN 19244 (1988) mit einer Datenintegritätsklasse quantifiziert werden. Für die industrielle Umgebung wird als Mindestanforderung an die Übertragungssicherheit eine Hamming-Distanz von HD 2 angegeben. Bei Feldbussystemen ist eine Hamming-Distanz von HD 4 üblich. Bei hohen Sicherheitsansprüchen und in stark störanfälligen Umgebungen wird eine Hamming-Distanz von HD 6 angestrebt (SCHNELL 1994, S. 29). Vergleichbar hierzu legt die Norm DIN 19244 (1988) die drei Integritätsklassen I1, I2 und I3 fest. Bei der Datenübertragung zum Produktionspersonal können fehlinterpretierte Nachrichten unerwünschte Beeinträchtigungen zur Folge haben. Es ist jedoch nicht damit zu rechnen, daß die Umgebung extrem störanfällig ist, so daß für das Maß der Datensicherheit die Datenintegritätsklassen I2 bzw. eine Hamming-Distanz von HD 4 ausreichend ist.

Zusammengefaßt ergeben sich folgende Anforderungen an die Datensicherheit bei der Datenübertragung von und zu dem Arbeitsplatzsystem:

- Als Übertragungsmedium sollen industriell eingesetzte, abgeschirmte Koaxialkabel verwendet werden.
- Für die Datensicherung soll als Strategie eine Fehlererkennung, aber keine Fehlerkorrektur gewählt werden.
- Zur Fehlererkennung soll das CRC-Verfahren genutzt werden.
- Die Datenübertragung soll das Sicherheitsmaß der Integritätsklasse I2 bzw. die Hamming-Distanz von HD 4 haben.

4.3.3 Kompatibilität und Integrationsfähigkeit

Das Produktionspersonal soll informationstechnisch mit anderen Unternehmensbereichen vernetzt werden. Die Kommunikationspartner sind:

- gleichermaßen 'vernetzte' Mitarbeiter,
- ebenfalls auf Fertigungsebene stehende Produktionsmaschinen und
- übergeordnete Bereiche, wie die Leitebene.

Die Teilnehmer unterscheiden sich in ihren Funktionen und Zuständigkeiten. Im Hinblick auf die Schaffung einer integrierten, durchgängigen und homogenen datentechnischen Infrastruktur ist es erforderlich, daß die einzelnen Partner miteinander kompatible Schnittstellen besitzen und die 'gleiche Sprache sprechen'. Deswegen ist es anzustreben, auf einer offenen Kommunikationsschnittstelle aufzubauen. Ein offenes System ist in der Lage, Integrationsprobleme aufgrund herstellerspezifischer Auslegung von Kommunikationsschnittstellen zu vermeiden (WECK U.A. 1993, S. 53). Um Inkompatibilitäten auszuschließen (Bild 4-8), soll sich die zu entwickelnde Schnittstelle in bereits existierende Datenübertragungssysteme einpassen lassen; als Ausgangssystem darf keine herstellerabhängige Speziallösung gewählt werden.

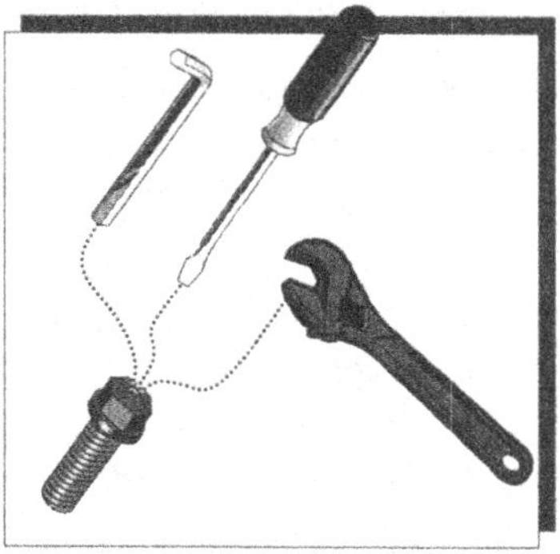

Bild 4-8: Auszuräumende Inkompatibilität

Für die Realisierung der informationstechnischen Integration des Produktionspersonals sind deswegen folgende Punkte essentiell:

- Die zu entwickelnde Kommunikationsschnittstelle soll mit bereits existierenden Systemen kompatibel sein.
- Als Entwicklungsbasis soll ein herstellerunabhängiges, offenes Kommunikationssystem dienen.

4.4 Anforderungen an die Mitarbeiter

Die informationstechnische Integration des Produktionspersonals stellt hohe Ansprüche an die Mitarbeiter. Die Erweiterung des Handlungsspielraums und des Verantwortungsbereichs erfordert neben technischem Geschick auch die Fähigkeit, das eigene Handeln in den betrieblichen Gesamtzusammenhang einzuordnen (HERTER 1991, S. 52). Im folgenden werden die Anforderungen an die Kompetenz der Mitarbeiter erörtert, die zum Großteil durch Qualifizierung erfüllt werden können.

4.4.1 Anforderung an die Kompetenz der Mitarbeiter

Eine verbreitete Definition von Zielkriterien für ein Anforderungsprofil an von Rechnerintegration betroffene Mitarbeiter ist in SCHÜLER (1994, S. 245-246), LAY U.A. (1991, S. 58-59) oder LANGE (1991, S. 38-39) zu finden. Diesen Autoren zufolge besteht die anzustrebende Handlungskompetenz aus den Bereichen Fachkompetenz, Methodenkompetenz, Lernkompetenz und Sozialkompetenz.

Mit ähnlichen Inhalten, aber einer Ausrichtung, die vorwiegend gewerbliche Mitarbeiter anvisiert, werden von KEES (1995) folgende Anforderungen an Mitarbeiter in gruppenorientierten 'Leistungseinheiten' gestellt:

- technische Kompetenz,
- organisatorische Kompetenz,
- Verantwortungsbereitschaft und
- soziale Kompetenz.

Analog zur Fachkompetenz bezieht sich die technische Kompetenz auf fachspezifische Qualifikationen, die möglichst breit angelegt sein sollen. Die organisatorische Kompetenz setzt das Denken in betrieblichen Zusammenhängen voraus, und die Verantwortungsbereitschaft hat das eigenständige Denken und Handeln zur Grundlage. Die soziale Kompetenz verlangt Konflikt- und Kommunikationsfähigkeit sowie Teamgeist.

Die aufgeführten Kompetenzbereiche gelten auch als Anforderungen an die Mitarbeiter auf der Produktionsebene, die durch Vernetzung und zielgerichtete Informationsversorgung flexibel verschiedenartige Aufgaben erfüllen sollen. Die technische Kompetenz ist dabei die Grundvoraussetzung für die Auftragsbearbeitung. Soziale Kompetenz wird von den Mitarbeitern dann verlangt, wenn das Arbeitsplatzsystem als Terminal für eine Arbeitsgruppe dient und Aufgaben aufgeteilt werden. Die Bereitschaft, Verantwortung zu übernehmen, und organisatorische Kompetenz sind dann erforderlich, wenn verschiedenartige Aufträge mit anspruchsvollen Arbeitsinhalten flexibel bearbeitet werden sollen.

Die Konsequenz für die informationstechnische Integration des Produktionspersonals ist, daß die Mitarbeiter in den vier genannten Bereichen kompetent sein müssen. Zu einem Großteil läßt sich dies durch Qualifizierungsmaßnahmen erreichen.

4.4.2 Qualifizierung

Neue flexible Produktions- und Organisationsstrukturen setzen, im Gegensatz zu den Leitbildern tayloristischer Organisation, qualifiziertes Produktionspersonal voraus (WARNECKE 1994, S. 114). Die Fähigkeit, mehrschichtige Arbeitsinhalte zu bewältigen, erfordert die Qualifizierung der Mitarbeiter, wie die folgenden Beispiele zeigen.

BRANKAMP (1992, S. 572-573) berichtet vom hochqualifizierten 'Anlagen-Manager' der dank unterstützender DV-Technik neben der Teilefertigung zum einen die Qualität der von ihm produzierten Teile prüft und zum anderen an der Instandhaltung seiner Maschine beteiligt ist.

FEIGE U.A. (1991, S. 22) schildert die Teilaufgaben eines Anlagenführers bei der Zylinderkopfmontage. Der Umfang des zu beherrschenden Aufgabenspektrums wächst in drei Stufen, je nach Einarbeitungsgrad des Mitarbeiters vom 'Selbsteinrichter in der Einarbeitung' bis zum 'versierten Selbsteinrichter'. Die Gesamttätigkeit 'Anlagenführer' erfordert wegen der differenzierten Aufgabenstruktur eine hohe Qualifizierung.

Aufgrund der hohen Anforderungen an Mitarbeiter, die unterschiedliche Tätigkeiten ausführen, wird in VDI-ADB (1992, S. 29) ein Hybrid-Facharbeiter gefordert, der als Anlagenführer kompetent ist, aber auch fähig, manuell zu montieren. HERTER (1991, S. 52) wünscht in diesem Zusammenhang den 'spezialisierten Generalisten'.

Es kann festgestellt werden, daß ein wesentlicher Handlungsbedarf bei der Mitarbeiterqualifizierung besteht. Dieser bezieht sich insbesondere auf die Mitarbeiter, die einerseits von einer Vergrößerung der Arbeitsinhalte (LOTTER 1991, S. 157) und andererseits von Rechnerintegration (LAY 1990, S. 86) betroffen sind.

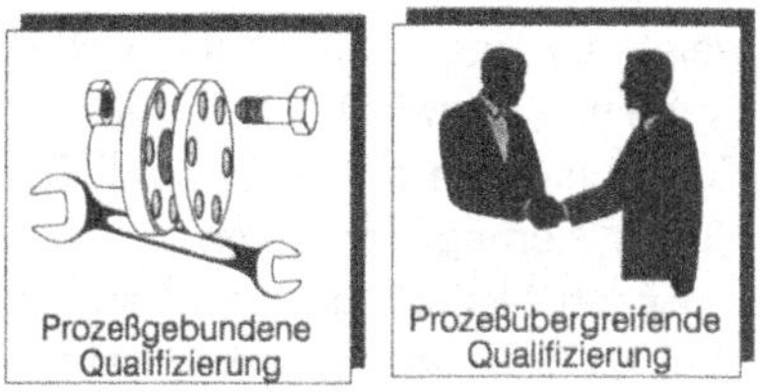

Bild 4-9: Anforderung: prozeßgebundene und prozeßübergreifende Qualifizierung

Die in Abschnitt 4.4.1 geforderte Kompetenz der Mitarbeiter läßt sich durch prozeßgebundene und prozeßübergreifende Qualifizierungsmaßnahmen erreichen (Bild 4-9). Die prozeßgebundene Qualifikation bezieht sich auf technische Kenntnisse; die prozeßübergreifende Qualifikation ist erforderlich, damit sich die Mitarbeiter in ihrer neuen, vernetzten Umgebung orientieren können und damit sie Verantwortungsbewußtsein und Entscheidungsvermögen entwickeln. Trainingsmethoden und -inhalte zur Mitarbeiterqualifizierung sind beispielsweise bei HERTER (1991), BULLINGER (1995 S. 342-364) oder NIPPA (1991a, S. 442-443) beschrieben.

4.5 Forderungen der Mitarbeiter

4.5.1 Arbeitswissenschaftliche Bestrebungen

Mit der informationstechnischen Integration des Produktionspersonals wird u.a. die Erweiterung von Arbeitsinhalten angestrebt. Dies ist im Sinne eines Job-enlargement prinzipiell erstrebenswert, kann jedoch auch Überforderung mit sich bringen. Die Anforderungen an eine Person, die in einem Produktionsverbund flexibel verschiedenartige Tätigkeiten ausführen soll, sind hoch (siehe Abschnitt 4.4). Damit die Mitarbeiter ihrer Verantwortung gerecht werden können, benötigen sie Hilfsmittel (siehe Bild 4-10), die auf ihren Erfahrungen aufbauen und als effiziente Arbeitsmittel dienen (FORKEL & MÜLLER 1993, S. 482). Problematisch bei der Einführung rechnerunterstützter Systeme ist jedoch die Tatsache, daß Abläufe stärker formalisiert werden müssen und daß der Mensch für die Interaktion mit dem Rechner teilweise die Regeln und sprachlichen Formen zwischenmenschlicher Kommunikation aufgeben muß. Die Humanisierung der Kommunikation zwischen Mensch und Maschine ist eine Art, dies weitgehend zu vermeiden. Im folgenden werden die Anforderungen an die rechnerunterstützte Technik und die Arbeitsgestaltung aus arbeitswissenschaftlicher Sicht beleuchtet.

Bild 4-10: Unterstützung der Mitarbeiter durch technische und methodische Hilfsmittel

Erstrebenswert für die Gestaltung des Arbeitssystems und der damit verbundenen Arbeitsinhalte sind die z.B. bei BULLINGER (1986, S. 140 ff) oder SCHRICK U.A. (1991, S. 22-24) diskutierten und auf ULICH (1983) zurückgehenden Grundsätze der

- Ausführbarkeit,
- Schädigungslosigkeit,
- Beeinträchtigungslosigkeit und
- Persönlichkeitsförderlichkeit.

Von den vier aufgeführten Bewertungsebenen werden die ersten drei als selbstverständlich angesehen - sie betreffen hauptsächlich die körperliche und gesundheitliche Wirkung der Arbeitsform. Die Persönlichkeitsförderlichkeit als höchster Anspruch ist hingegen ein Ziel, das möglichst weitgehend realisiert werden soll.

Persönlichkeitsförderlichkeit erreicht man einerseits durch ganzheitliche Gestaltung der Arbeitsinhalte und andererseits durch Ansprache des Selbstwertgefühls. Das Selbstwertgefühl von Mitarbeitern beruht auf ihren Fähigkeiten im Umgang mit Maschine, Werkzeug und Material, auf der Wertschätzung, die sie bei Kollegen und Vorgesetzten genießen, und nicht zuletzt auf dem Bewußtsein der Bedeutung ihrer Arbeit für den Prozeß und das Unternehmen (FUCHS-FRONHOFEN & HENNING 1993, S. 38). Die menschzentrierte Arbeitsgestaltung wird nach BAUER U.A. (1992, S. 106-107) dadurch erreicht, daß betriebliche Organisationsstrukturen und informationstechnische Arbeitsmittel so eingerichtet werden, daß das menschliche Handeln in der Produktion ganzheitlichen Charakter gewinnt. Neben der Prozeßbearbeitung sollen auch dispositive Tätigkeiten wie Planen, Steuern und Vorbereiten durchgeführt werden können. Hierdurch wird die Bereitschaft zur Übernahme von Verantwortung gefördert (MERTINS & SCHALLOCK 1994, S. 589).

Die persönlichkeitsfördernde Arbeitsgestaltung hat nach VOLPERT (1990) und BAUER U.A. (1992) folgende qualitative Merkmale:

- die Aufhebung der Trennung von Kopf- und Handarbeit,
- die Bewältigung komplexer Arbeitsaufgaben,
- die Erweiterung des Handlungs- und Entscheidungsspielraums sowie des zeitlichen Spielraums,
- die Erhöhung der Anforderungsvielfalt in der Arbeitstätigkeit,
- die Beanspruchung vielfältiger Sinnesqualitäten,
- die Schaffung von Möglichkeiten zur Kooperation sowie Kommunikation und
- die Ablösung der Kontrolle durch Selbststeuerung.

Als Anforderung an das Arbeitssystem gilt es, die genannten Merkmale für eine persönlichkeitsfördernde Arbeitsgestaltung weitgehend zu erfüllen oder zu unterstützen. Der Mensch soll als kompetenter Problemlöser im Arbeitsprozeß dominieren, wobei das Rechnerwerkzeug als assistierende Schnittstelle dient.

Neben der Chance eines großen Effizienzvorteils können durch Vernetzung unerwünschte Nebeneffekte auftreten (siehe auch PICOT & REICHWALD 1991, S. 304). Der Zugriff übergeordneter Ebenen auf das unmittelbare Arbeitsgeschehen und das Schaffen der 'gläsernen Arbeit' (DRINKUTH 1990, S. 28) berühren wichtige Formen rechnervernetzter Bereiche. Deswegen sind folgende Anforderungen bei der Systemgestaltung zu berücksichtigen:

- die Zugriffs- und Zugangsregelungen auf Funktionen und Daten sowie
- die Sicherstellung von Entscheidungsbefugnis der Beteiligten.

Insbesondere die Zugangsregelung muß mittels eines Codes oder eines physischen Schlüssels gewährleistet werden. Technische, personelle und organisatorische Maßnahmen für die Datensicherheit im Rechnerverbund sind bei MEITNER (1991, S. 737-738) beschrieben.

Die Einführung eines rechnerbasierten Kommunikationsmittels impliziert nicht, daß zwischenmenschliche Kommunikation im Betrieb durch Maschinenkommunikation ersetzt wird (Bild 4-11). Letztere wird jedoch u.U. zunehmen (OESTERREICH 1988, S. 175), so daß Maßnahmen gefordert sind, um den Mitarbeitern auch mit dem neuen Medium kommunikativ-soziale Kontakte im betrieblichen Umfeld zu ermöglichen.

Bild 4-11: Maschinelle und zwischenmenschliche Kommunikation

Als Anforderungen an das Arbeitssystem werden deswegen folgende Kriterien festgehalten:

- Das Netzwerk soll bidirektionale und dialogorientierte Kommunikation unterstützen.
- Ein Abmelden vom Arbeitsplatz soll möglich sein, um u.a. soziale Kontakte auf persönlicher Ebene zu pflegen.

4.5.2 Informationsbedarf und Anforderungen an den Informationsumfang

Durch datentechnische Vernetzung sollen Möglichkeiten geschaffen werden, benötigte Informationen zum erforderlichen Zeitpunkt am richtigen Ort bereitzustellen. Die Informationsmenge wird dabei durch die Parameter Erstellungsaufwand und Nutzen beeinflußt. Hierbei gilt es, die Erwartungshaltung der Informationsempfänger in Betracht zu ziehen, damit der Informationsaufwand minimiert werden kann.

PICOT & REICHWALD (1991, S. 275 ff) unterscheiden zwischen objektivem und subjektivem Informationsbedarf. Der objektive Informationsbedarf leitet sich aus der Aufgabe ab und gibt an, welche Informationen ein Entscheidungsträger verwenden sollte. Für den Bereich der Produktionsebene kann dabei aufgrund strukturierbarer Aufgaben davon ausgegangen werden, daß der objektive Informationsbedarf im allgemeinen weitgehend bestimmbar ist. Der subjektive Informationsbedarf betrachtet die Sichtweise des Mitarbeiters; er umfaßt die Informationen, die ihm zur Aufgabenerfüllung relevant erscheinen. Kommt es zur Informationsnachfrage, so äußert sich diese als eine Untermenge des subjektiven Informationsbedarfs. Das Informationsangebot deckt in der Regel nur einen Teil des objektiven und subjektiven Informationsbedarfs sowie der Informationsnachfrage. In Bild 4-12 ist der nach einer Nachfrage erreichte und effektiv nutzbare Informationsstand als Schnittmenge des objektiven sowie subjektiven Informationsbedarfs und des Informationsangebots dargestellt. AUGUSTIN (1990, S. 118-119) zeigt auf, daß der Anteil des subjektiven Informationsbedarfs am Gesamtbedarf vom Grad der formalen Informationsdurchdringung abhängt.

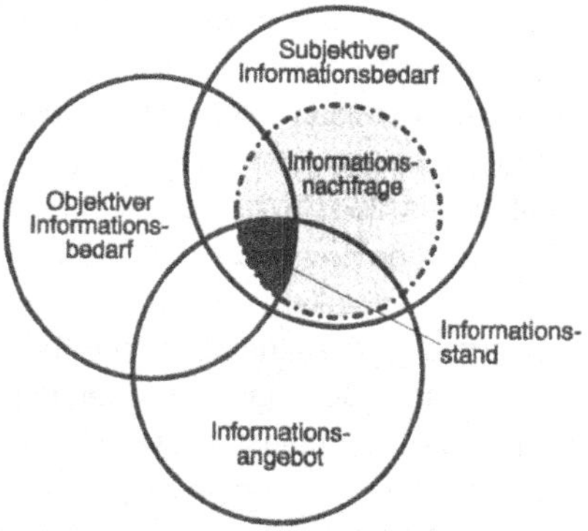

Bild 4-12: Informationsbedarf und Informationsversorgung nach PICOT & REICHWALD (1991, S. 276)

Das Ausmaß der Durchdringung von Problemstellungen ist eine Frage der Wirtschaftlichkeit. Auf der einen Seite entstehen durch die

Sammlung, Aufbereitung, Speicherung und Bereitstellung von Informationen hohe Kosten. Auf der anderen Seite können durch Verringerung der 'geistigen Rüstzeit' und durch Reduzierung von Fehlproduktion (Ausschuß, Nacharbeit) Kosten vermieden werden. Ein exakter Kosten-Nutzen-Vergleich ist meist nicht realisierbar. Deswegen ist es - als Minimalforderung - anzustreben, die Erwartungshaltung hinsichtlich des Informationsbedarfs zu kennen. Damit können Informationsangebot und -nachfrage angeglichen werden. Als Anforderung kann festgehalten werden, daß

- eine individuelle Informationsdichte und -aufbereitung möglich sein soll.
- Zudem müssen Informationen nachgefordert werden können.

Aus monetärer Sicht sollen Informationen 'so wenig wie möglich und so viel wie nötig' verteilt werden. Um dies zu realisieren, müssen spezifische Kenntnisse über die Kommunikationspartner vorhanden sein. Eine weitere Anforderung ist daher, daß

- das System, auch aus Effizienzgründen, ein Leistungsprofil der Beteiligten zur Verfügung stellen soll, um eine gezielte Informationsversorgung zu erreichen.

Informationsbedarf und Informationsumfang stehen in wechselseitiger Abhängigkeit (Bild 4-13). Der Informationsbedarf ist der Ausgangspunkt, um den erforderlichen Umfang festlegen zu können. Der Umfang der bereitgestellten Informationen beeinflußt je nach Erfüllungsgrad den zukünftigen Informationsbedarf. Bei der Verarbeitung von Informationen ist zu beachten, daß der Mensch nur eine begrenzte Anzahl von Prozessen nebeneinander verarbeiten kann. MARTIN (1973, S. 335) berichtet über Experimente, bei denen die menschliche Aufnahmefähigkeit getestet wurde. Als Ergebnis kann festgehalten werden, daß in den meisten Fällen das Kurzzeitgedächtnis maximal sieben Kriterien handhaben kann. Eine Anforderung an das System ist daher, daß

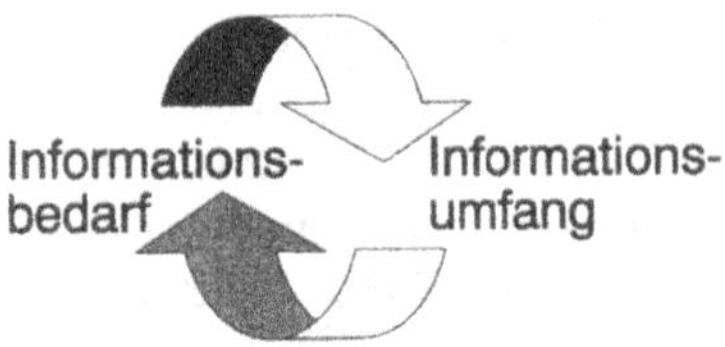

Bild 4-13: Informationsbedarf und Informationsumfang in gegenseitiger Abhängigkeit

- einzelne Informationen, beispielsweise zu Aufträgen zusammengefaßt, 'ablegbar' sein sollen.

Zusammenfassend kann festgestellt werden, daß es aus Effizienzgründen sowohl für den Informationslieferanten als auch für den Informationskunden erstrebenswert ist, eine minimale, aber definierte Informationsmenge zu verarbeiten. Um dies zu realisieren, ist es wichtig, die Netzwerkteilnehmer individuell zu repräsentieren, so daß eine gezielte Informationsversorgung möglich ist.

4.5.3 Anforderungen an das zeitliche Verhalten

In Abschnitt 4.3.1 wurde der Parameter Zeit bereits in Zusammenhang mit den technischen Anforderungen diskutiert. Im folgenden sollen erforderliche Reaktionszeiten betrachtet werden, die die Kommunikation zwischen verschiedenen Netzwerkpartnern betreffen.

Eine sehr wichtige Anforderung ist, daß die anwesenden Menschen jederzeit Zugriff auf das System haben sollen. Einzuhaltende Betriebsstunden oder Wartezeiten sind einerseits unproduktiv und schaffen andererseits Verdruß.

Angaben über Reaktionszeiten bei der Mensch-Maschine-Kommunikation sind bei MARTIN (1973, S. 326-327) zu finden. Demnach wandten sich die Benutzer damals bereits einer anderen Tätigkeit zu, wenn die Reaktionszeit des Computersystems über 15 Sekunden lag. Die Antwortzeit bei Dialogen darf nicht länger als 4 Sekunden sein. In den meisten Situationen soll eine Reaktionszeit von 2 Sekunden nicht überschritten werden (Bild 4-14). Teilweise werden aber auch kürzere Reaktionszeiten gefordert, beispielsweise zum Zweck der Prozeßvisualisierung. Hierfür nennt LANGMANN (1991, S. 98) Antwortzeiten von 60 bis 200 ms als Vorgabe für eine Schnittstelle zwischen Bediener und Maschinensteuerung.

Bild 4-14: Zeitliche Anforderungen: Dialogsysteme und Prozeßüberwachung

Eine andere Sichtweise bei der Betrachtung der Mensch-Rechner-Schnittstelle ist, daß das System nicht immer unverzüglich antworten soll, da eine gewisse Bedenkzeit als menschlich empfunden wird.

MARTIN (1973, S. 328) berichtet in diesem Zusammenhang von einprogrammierten Verzögerungszeiten bis zu 1,5 Sekunden. Bei unmittelbarer Reaktion des Computersystems kann der Eindruck entstehen, daß es sich um eine standardisierte, vorgefertigte Reaktion handelt, wohingegen längere Antwortzeiten als überlegte, maßgeschneiderte und damit persönliche Verhaltensweisen angesehen werden.

Zusammengefaßt ergeben sich folgende Anforderungen an die zeitlichen Parameter des Arbeitsplatzsystems:

- Die Mitarbeiter sollen jederzeit Zugriff auf das System und die Möglichkeit zur Kommunikation haben.
- Als Reaktionszeit sind insbesondere bei der Dialoggestaltung Antwortzeiten von maximal 2 Sekunden nicht zu überschreiten; Längere Wartezeiten müssen visuell unterstützt angekündigt werden, beispielsweise mit einer Sanduhr.
- Reaktionszeiten von bis zu 1,5 Sekunden werden bei den Situationen akzeptiert, in denen sie als 'Bedenkzeit' interpretiert werden können.

4.5.4 Anforderungen an die Benutzerschnittstelle

Die Akzeptanz eines Systems ist stark mit der Darstellung von Informationen und der Dialoggestaltung verbunden: *Useful Computers that are not usable are of little help; but so are usable computers which are not useful* (FISCHER 1987, S. 97). Einer der wichtigsten Grundsätze der Software-Ergonomie ist, daß der Computer sich dem Menschen anpaßt und nicht umgekehrt (BALZERT 1988, S. 373). Für die Interaktion zwischen Mensch und Computer gibt es viele Richtlinien, die in das hier zu gestaltende System einfließen sollen. Zahlreiche allgemeingültige Anforderungen bei der Gestaltung von Benutzeroberflächen werden bei KONRADT (1993, S. 33-34) und SCHNEIDER-HUFSCHMIDT (1993, S. 62-63) genannt. Die Entwicklung von benutzerbezogenen Mensch-Rechner-Schnittstellen für die Belange der Produktionstechnik werden ausführlich von LÖFFLER (1989) behandelt. Im folgenden wird zusammenfassend auf die Aspekte eingegangen, die für das Benutzerprofil am entscheidendsten sind.

Das Profil der Anwender wird folgendermaßen festgelegt:

- Die Mitarbeiter bearbeiten produktionstechnische Aufträge und müssen sich dabei an zeitliche Vorgaben halten.
- Die Mitarbeiter haben eine facharbeiterähnliche Qualifizierung.

- Sie sind in ausreichendem Maß der Landessprache mächtig, so daß ein einfacher mündlicher oder schriftlicher Dialog stattfinden kann.
- Sie sind mit dem Umgang von Computern eingeschränkt vertraut.

Als Schnittstelle zwischen Produktionspersonal und System soll eine grafische Benutzeroberfläche dienen, die software-ergonomischen Gestaltungsregeln entspricht. Die Dialogtechnik soll effektiv und zielgerichtet sein und der Tatsache Rechnung tragen, daß die Benutzer gewerbliche Mitarbeiter sind, die nur begrenzte Erfahrung mit Rechnersystemen haben.

Die Interaktion zwischen Mensch und Computer kann mittels verschiedener Dialogtechniken erfolgen (siehe Bild 4-15). Bei benutzergeführter Dialogtechnik reagiert das System auf vom Benutzer verfaßte Kommandos, wobei keine Hinweise auf verfügbare Funktionen gegeben werden. Die Technik ist für computererfahrene Benutzer geeignet, die täglich und überdies sehr häufig mit dem System umgehen, da sie dann schnell und effektiv ist. Bei systemgeführter Dialogtechnik wird der Benutzer schrittweise zu der von ihm gewünschten Operation geführt, wobei Hinweise und Hilfestellungen durch Auswahlmöglichkeiten und Eingabealternativen gegeben werden. Der systemgeführte Dialog hat eine geringe Fehleranfälligkeit und ist sehr anwenderfreundlich. Er ist jedoch verhältsmäßig langsam.

Bild 4-15: Klassifizierung von Dialogtechniken (nach BULLINGER 1994, S. 368)

Es gibt auch sogenannnte gemischte Dialogtechniken, wie beispielsweise grafisch interaktive Schnittstellen. Bei geschickter Gestaltung können die Vorteile der benutzer- und der systemgeführten Technik in der gemischten Dialogtechnik vereint werden, so daß ein schnelles, aber einfaches und relativ fehlerfreies System entsteht.

Für die Gestaltung der Schnittstelle zwischen Produktionspersonal und System soll deswegen eine grafische Oberfläche mit gemischter

Dialogtechnik verwendet werden. Hiermit besteht die Möglichkeit, ein unkompliziertes, fehlersicheres, einfach zu erlernendes, aber trotzdem effizientes Rechnerwerkzeug zu schaffen, welches für Anwender geeignet ist, die nicht kontinuierlich mit dem System umgehen und die u.U. nicht häufig Umgang mit Computern haben.

In der Norm DIN 66234 (1988) wird die Dialoggestaltung als Schnittstelle zwischen Mensch und Rechner entsprechend ergonomischer Gestaltungsrichtlinien festgelegt. Diese Richtlinien zur Interaktion zwischen Produktionspersonal und Netzwerk sollen berücksichtigt werden. Demnach sind bei der Gestaltung von Dialogsystemen die folgenden fünf Grundsätze zu beachten:

- die Aufgabenangemessenheit,
- die Selbstbeschreibungsfähigkeit,
- die Steuerbarkeit,
- die Erwartungskonformität und
- die Fehlerrobustheit.

Zusätzlich kann die Dialoggestaltung von Gestaltungsgesetzen der Wahrnehmungspsychologie profitieren (MARTIN 1988, S. 89 und BULLINGER 1994, S. 375). Zur Strukturierung von Benutzeroberflächen sind insbesondere das Gesetz der Nähe, der Symmetrie und der Gleichartigkeit zu berücksichtigen (siehe Bild 4-16). Diese Gestaltungsgesetze sollen für den Aufbau der graphisch-interaktiven Schnittstelle zwischen Produktionspersonal und System Berücksichtigung finden, da die Effizienz und das Vermögen zur Selbsterklärung einer Mensch-Rechner-Schnittstelle stark von deren optischer Struktur abhängig ist.

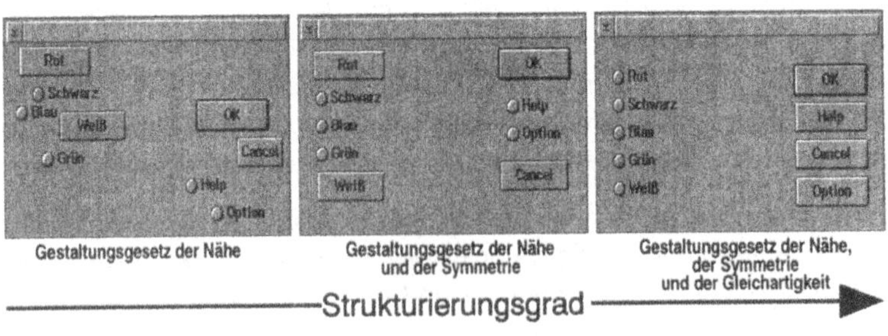

Bild 4-16: Von der Wahrnehmungspsychologie abgeleitete Gestaltungsregeln (am Beispiel der Anordnung von Buttons)

4.6 Zusammenfassung der Anforderungen

Zur Definition von Anforderungen an ein System, das die informationstechnische Integration des Produktionspersonals unterstützen soll, wurde im ersten Schritt der Umfang der erforderlichen Kommunikationsfunktionen festgelegt. Der zweite Schritt bestand darin, ausgehend vom ermittelten Kommunikationsbedarf, das technische Anforderungsprofil zu bestimmen. Anschließend wurden einerseits Anforderungen an die Mitarbeiter und andererseits deren Ansprüche definiert. Im folgenden werden die wichtigsten Anforderungen bei der kommunikations- und informationstechnischen Integration von Menschen in der Produktion zusammengefaßt.

- Der Status, die Eigenschaften und die Leistungen der Netzwerkpartner sollen transparent gemacht werden.
- Es soll zu jedem Zeitpunkt bidirektional kommuniziert werden können, wobei jeder Partner die Initiative ergreifen kann.
- Jegliche Art von Arbeitsunterlagen soll als Bild-, Ton- und Textdaten ausgetauscht werden, wobei zusätzlich auch individuell gestaltete Informationen mit beliebigem Format handhabbar sein sollen.
- Der erwartete Informationsumfang soll transparent gemacht werden; eine anpaßbare Informationsdichte und -aufbereitung soll möglich sein.

Zur technischen Umsetzung sind folgende Anforderungen zu beachten:

- Die datentechnische Infrastruktur soll einem LAN mit einer Übertragungsgeschwindigkeit von 10 Mbit/s entsprechen.
- Die Sicherheit der Datenübertragung soll industriellem Standard entsprechen.
- Für den Datenaustausch soll ein herstellerunabhängiger offener Standard verwendet werden.

Die den Menschen und sein Umfeld betreffenden Anforderungen sind:

- Eine menschzentrierte Technik soll die Mitarbeiter unterstützen, wobei die Dialogführung und die Benutzeroberfläche nach Erkenntnissen der Software-Ergonomie gestaltet werden.
- Die Gestaltung der Arbeit und des Umfelds soll persönlichkeitsfördernden Charakter haben.
- Die Mitarbeiter müssen qualifiziert und auf mehreren Gebieten kompetent sein.

5 Stand der Technik - Auswertung

5.1 Ziel und Vorgehensweise

Die Untersuchung bestehender Möglichkeiten zur Gestaltung des industriellen Informationsflusses soll einerseits den Handlungsbedarf und andererseits Lösungsansätze zur Verbesserung aufzeigen. Erfolgversprechende Ansätze sollen dabei in diese Arbeit mit einfließen, wenn sie dazu beitragen, die im vorherigen Kapitel ermittelten Anforderungen zu erfüllen. Kommunikationshilfsmittel für den Bürobereich werden bei der Untersuchung nicht gesondert beleuchtet, da die Strukturen und das Umfeld auf der Produktionsebene einen eigenen, technischen Charakter haben und damit andere Anforderungen gelten.
In diesem Kapitel werden Bestrebungen zur Darstellung, Aufbereitung und Übermittlung von Informationen im industriellen Umfeld aufgezeigt. Der Fokus der Untersuchung liegt auf Ansätzen zur Verbesserung des Informationsflusses zwischen Leit- und Produktionsebene sowie innerhalb der Produktionsebene durch Vernetzung von Arbeitsplätzen. Die Auswertung ist in die folgenden Schwerpunkte gegliedert:

- Untersuchung bestehender Lösungen zur Verbesserung der Informationsbereitstellung und
- Untersuchung der technischen Möglichkeiten zur Vernetzung industrieller Komponenten.

5.2 Lösungen zur Verbesserung der Informationsbereitstellung

Die entworfenen oder bereits realisierten Konzepte zur Optimierung der Informationsbereitstellung und des Informationsflusses an gewerblichen Arbeitsplätzen lassen sich in drei Themenschwerpunkte einordnen:

- die Visualisierung,
- der Einsatz von Informationssystemen und
- die Ansätze zur datentechnischen Kopplung manueller Arbeitsbereiche.

5.2.1 Visualisierung an gewerblichen Arbeitsplätzen

Für die Integration gewerblicher Mitarbeiter in einen durchgängigen Informationsfluß ist jeder Ansatz von Interesse, der sich mit rechnergestützten Informationssystemen beschäftigt, da dies die Schnittstelle zwischen dem Produktionspersonal und der Informationsaufbereitung betrifft.

Einige Arbeiten beschäftigen sich mit der schnellen, effizienten Projektierung und Herstellung von Visualisierungssoftware. Ihr Streben ist es, möglichst zielgerichtet Visualisierungssysteme zu entwerfen und softwaretechnisch umzusetzen (z.B. KIRCHNER 1995). Diese Ansätze beschäftigen sich zwar mit dem Thema der Informationsdarstellung, jedoch steht die spätere Anwendung auf der Produktionsebene nicht im Mittelpunkt. Deswegen wird auf die Entwicklung von Visualisierungssystemen nicht näher eingegangen.

5.2.1.1 Prozeßvisualisierung für Maschinen- und Anlagenbediener

Bei wachsender Komplexität moderner Maschinen benötigt der Bediener mehr intelligente Unterstützung, um den Gesamtprozeß aufgabengerecht zu beherrschen (ARNOLD U.A. 1995). Der zusätzliche technische Aufwand wird zwar oft als notwendiges Übel angesehen, da keine Maschine aufgrund eines Visualisierungssystems schneller läuft - es sich also um keine primäre Produktivitätssteigerung handelt. Auf der anderen Seite werden aber auch Vorteile wie die kürzere Einarbeitungszeit, die schnellere Eingabe komplexer Befehlssequenzen und höherer Schutz vor Fehlbedienung genannt, die nicht zuletzt aus wirtschaftlicher Sicht den Einsatz derartiger Systeme rechtfertigen.

Um die Komplexität einer Transfermaschine mit insgesamt 65 Stationen zu reduzieren, wurde in dem von BARREUTHER (1993) beschriebenen Steuerungskonzept auch ein System zur Prozeßvisualisierung implementiert. Hiermit kann der Bediener die Maschine überwachen, Prozeßparameter verändern und im Fall eines Fehlers die richtige Reaktion veranlassen.

GERARD (1994) stellt ein System vor, in dem ein stationsbezogenes Visualisierungssystem den Mensch-Maschine-Dialog für eine automatisierte Anlage zum Einpressen von Ventilsitzen ermöglicht. Der komplexe

Prozeß und die damit verbundene Komplexität der automatisierten Anlage mit geringer Einsichtmöglichkeit erfordern die kontinuierliche Darstellung des aktuellen Prozeßstatus. Damit wird trotz vielfältiger Funktionen eine einfache und übersichtliche Bedienung möglich.

BRANKAMP (1992, S. 572) berichtet bei der Beschreibung eines Konzepts zur Erfüllung der Arbeitsinhalte Teilefertigung und Teileprüfung durch ein und dieselbe Person (WIM, Worker Integrated Manufacturing) von der Notwendigkeit der Prozeßbeherrschung. Eine Lösung ist das vorgestellte Prozeßüberwachungsgerät, welches die Mitarbeiter unterstützt, indem es Informationen von verschiedenen Prozeßabschnitten und -abläufen visualisiert. Durch die Prozeßerkennung und -überwachung ist es möglich, dem Werker ein Instrumentarium zur gezielten Optimierung der Prozesse zur Verfügung zu stellen.

Zusammenfassend kann festgestellt werden, daß das Ziel der Prozeßvisualisierung für Maschinen- und Anlagenbediener die Mensch-Prozeß-Kommunikation ist (FÄRBER U.A. 1985, S. 308). Dem Bedienpersonal sollen dabei die vielfältigen, gegenseitigen Abhängigkeiten und Einflußgrößen transparent gemacht werden. Die Kommunikation mit übergeordneten oder gleichrangigen Systemen ist hierbei nicht explizit Gegenstand der Arbeiten.

5.2.1.2 Visualisierung von Arbeitsanweisungen

Bei hoher Anforderung an die Flexibilität des Produktionspersonals, z.B. bei variantenreicher Produktion und bei kleinen Losgrößen, muß sich das Personal immer wieder neu in die Auftragspapiere einarbeiten. Die im folgenden vorgestellten Lösungsansätze streben eine weitgehende Minimierung dieser unproduktiven Nebenzeiten mittels Visualisierungshilfen an.

Einen Ansatz zur Reduzierung der Komplexität durch Visualisierung von Arbeitsanweisungen bei der Montage eines variantenreichen Produkts stellt GEBAUER (1991) vor. Die Ausgangssituation des von ihm genannten Falls zeigt, daß der Anteil nichtwertschöpfender Tätigkeiten am Gesamtprozeß aufgrund von geistiger Rüstzeit etwa 20% beträgt. Zur weitgehenden Ausschöpfung dieses Rationalisierungspotentials wurde ein Steuerungs- und Visualisierungssystem entwickelt, welches sich auf das lokale Umfeld der teilautomatisierten Montagestation bezieht. Zentraler Bestandteil des Systems ist ein Bildschirm auf dem, der

Montagereihenfolge entsprechend, die für die Prozeßerfüllung erforderlichen Informationen visualisiert werden. Hierzu gehört beispielsweise die bildliche Darstellung der zu montierenden Bauteile. Die Mitarbeiter werden schrittweise im Dialogbetrieb durch den Montageablauf geführt. Der Arbeitsplatzrechner ist mit einem Zentralrechner verbunden, der täglich die Auftragsdaten überspielt. Als Vorteile des Systems werden von GEBAUER (1991) die Möglichkeit zur Plausibilitätsprüfung der Daten, die strukturierte und schrittweise erfolgende Montageanleitung sowie die Option zur Fehlerdiagnose genannt.

MADSEN & KLEIN (1993) sowie FLEXIBLE AUTOMATION (1994) stellen eine Montageanlage vor, in der manuelle Arbeitsplätze gemeinsam mit roboterbestückten Zellen an der Endmontage von Dieselmotoren beteiligt sind. Die Variantenzahl ist sehr hoch und die Losgröße minimal (Losgröße eins). Zu den manuellen Montagearbeitsplätzen gehört ein Bildschirm, der die jeweiligen Montageanweisungen anzeigt. Der Informationsgehalt bezieht sich auf die Montagereihenfolge, Angaben zur Teilebezeichnung und zusätzliche Informationen, die im Bedarfsfall als Hilfetext angezeigt werden. Die Daten sind im Rechner vor Ort vorhanden. Die Anzeige der Mitteilungen wird über einen zur Montagevariante gehörenden Datenträger ausgelöst, wenn letzterer in den Arbeitsbereich gelangt. Für den Fall, daß Probleme auftreten, die nicht sofort und selbständig von den Mitarbeitern gelöst werden können, ist zusätzlich eine Statusanzeige installiert. Sie kann von den Mitarbeitern beeinflußt werden und signalisiert über einen Farbcode den Betriebszustand (weiß = Meisterruf, orange = Benachrichtigung des Gruppenführers, rot = Not-Aus-Zustand).

Auch HIDDE & ZÖLLNER (1992) beleuchten den Informations- und Visualisierungbedarf an manuellen Montagearbeitsplätzen. Bei ihrem Beispiel handelt es sich um die manuelle Nachbestückung in der Leiterplatten- und Tastaturfertigung. In einem getakteten Montagesystem mit umlaufenden Werkstückträgern werden die Produkte weitgehend automatisch bestückt. Die Automaten sind aus wirtschaftlichen Gründen nicht dafür ausgelegt, beliebig viele Varianten zu handhaben. Deswegen existiert im Montagesystem ein manueller Arbeitsplatz, an dem die sogenannten Exoten nachbestückt werden. Die Rechnerunterstützung dient dabei mit der Bereitstellung von Bild- und Textinformation dazu, das Personal anzuleiten, welche Komponente an welche Stelle montiert werden muß.

Bemerkenswert an dieser Applikation ist, daß die Arbeitsplatzrechner über ein Netzwerk einerseits mit einer Strichcode-Leseeinheit und andererseits mit einer Zentraleinheit zum 'Delegieren von Aufträgen' verbunden sind (siehe Bild 5-1). Die Identifizierung des an der Station zu bearbeitenden Produkts erfolgt mittels des Strichcodesystems. Die Nachricht wird dann vom Strichcode-Lesegerät an die Zentraleinheit gesendet, welche nachprüft, ob die benötigte Information zur Auftragsbearbeitung am manuellen Arbeitsplatz vorliegt (z.B. eine produktspezifische Grafik). Ist dies nicht der Fall, wird veranlaßt, die erforderliche Datei zu übertragen.

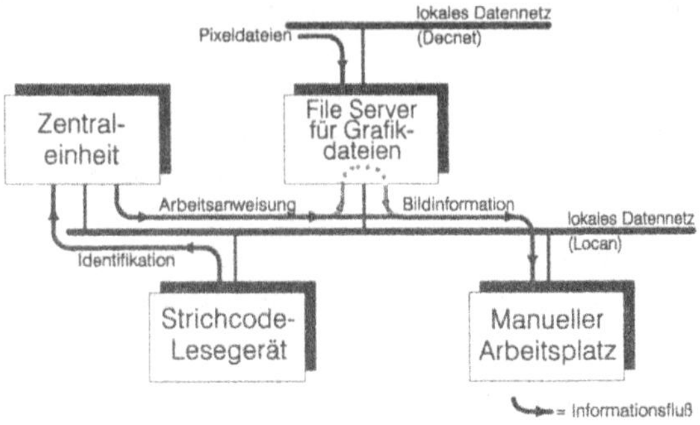

Bild 5-1: Informationsflußtechnische Architektur des Systems von HIDDE & ZÖLLNER (1992)

Von HIDDE & ZÖLLNER (1992, S. 143) werden die Vorteile des Systems folgendermaßen zusammengefaßt: Die Prozeßsicherheit wird durch schnelle Bereitstellung aktueller Information bei gleichzeitig geringem Verwaltungsaufwand erhöht. Zudem ist es möglich, die Aktualität und Konsistenz von Daten zu gewährleisten.

Die Ansätze zur Visualisierung von Arbeitsanweisungen unterstützen die Erfüllung spezifischer Aufträge, im Gegensatz zu den Bestrebungen für die Visualisierung von Vorgängen an einer Maschine (siehe Abschnitt 5.2.1.2), wo die Anlagenbedienung im Vordergrund steht. Bei den angeführten Beispielen handelt es sich schwerpunktmäßig um Anwendungen in der variantenreichen Montage. Ziel ist es hierbei, dem Produktionspersonal die erforderlichen Informationen zur Erfüllung kurzfristig eingelasterter Aufträge schnell und aufgabenorientiert bereitzustellen. Die vorgestellten rechnerunterstützten Hilfsmittel zur Visualisierung von Arbeitsanweisungen dienen dazu, Komplexität zu reduzieren und Einarbeitungszeiten zu minimieren. Anzumerken ist, daß die abgerufenen Informationen zwar durchaus aus einem Netzwerk kommen können, die bidirektionale Kommunikation zwischen den Netzwerkpartnern jedoch nicht vorgesehen ist. Das Einflußgebiet der Applikationen bezieht sich auf einen eingeschränkten Aufgabenbereich. Der flexible Einsatz des Produktionspersonals für mehrere Arbeitsinhalte wird durch die Visualisierungssysteme nicht unterstützt.

5.2.2 Informationssysteme

Aufgrund ihrer theoretisch permanenten Verfügbarkeit werden Informationssysteme häufig dort eingesetzt, wo mit hoher Frequenz ein definiertes Informationsspektrum abgefragt wird. Auf Bahnhöfen und Flughäfen befinden sich beispielsweise Informationsterminals, die in Form von Dialogabfragen Auskünfte über Fahrpläne, Verbindungen oder Tarife anbieten. Oftmals wird multimediale Technik eingesetzt, um die Interaktion mit dem Benutzer mittels kombinierter Bild- und Tonverarbeitung möglichst attraktiv zu gestalten.

Auch für den industriellen Einsatz werden Informationssysteme verwendet. Sie sind häufig sehr spezifisch und detaillieren das behandelte Thema. Ein Beispiel hierfür ist das in MASCHINE+WERKZEUG (1994) vorgestellte kommerzielle Produkt namens JobPACK, welches für das papierlose Abrufen und Übertragen von Auftragsdaten in der NC-Fertigung eingesetzt wird. Einige relevante Applikationen, die Informationen für gewerbliche Mitarbeiter aufbereiten, werden im folgenden vorgestellt.

Zur effektiven Informationsvermittlung, z.B. bei Qualifizierungsmaßnahmen mittels Text, Bildern, Videos, Tönen und anderen digitalisierbaren Werten stellen WEISSENBORN & HEDEMANN (1995) ein Informationssystem vor, das unterschiedliche Informationsebenen für verschiedene Benutzergruppen anbietet. Die Hypermedia-Dokumente können individuell auf betriebliche Datenbestände aufgesetzt werden. Das vorgestellte Konzept kann, außer als Schulungswerkzeug, auch produktionsunterstützend eingesetzt werden. Als Beispiel wird ein Reparaturleitfaden genannt. Eine bereichsübergreifende Kommunikation mit anderen an der Produktion beteiligten Komponenten ist jedoch nicht vorgesehen.

Ein Informationssystem für den Einsatz in der Endmontage von Nutzfahrzeugen wird von RUDOLPH & SIEBERS (1992) vorgestellt. Mittels aufbereiteter Videobilder werden sogenannte Montagereports erstellt (siehe Bild 5-2 auf der folgenden Seite). Diese werden auf einem Server gespeichert und können von allen Stationen im Montagebereich

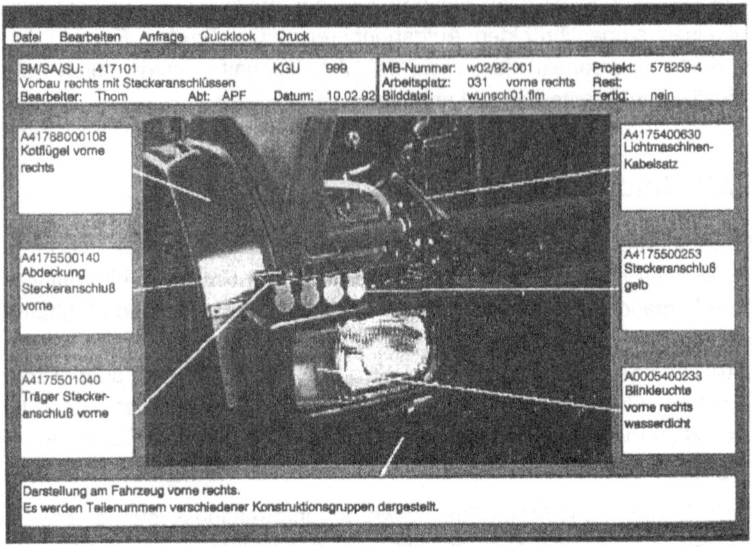

Bild 5-2: Aufbereiteter Montagereport mit Videobild, implementierten Suchbegriffen und Erläuterungstexten (RUDOLPH & SIEBERS 1992)

abgerufen werden. Hierfür stehen den Werkern einfache, verständliche Suchmasken zur Verfügung, die an die ebenfalls verwendeten Laufzettel angepaßt sind. Die Motivation für die Einführung des Systems war die Verringerung des Aufwands bei der Dokumentation und beim Erstellen von Montageanweisungen in der variantenreichen Endmontage. Zudem kann man hiermit gewährleisten, daß die erforderlichen Informationen verfügbar und aktuell sind. Bei der Einführung des Systems wurde die Wirtschaftlichkeit der Gesamtlösung berücksichtigt. Da von Beginn an auf hohe Benutzerfreundlichkeit Wert gelegt wurde, 'gingen die Anwender nach kurzer Schulung begeistert mit ihrem System um - dies, obwohl die Mitarbeiter in den Fachbereichen zum Teil vorher noch nie mit Windows, Mouse und Buttons zu tun hatten' (RUDOLPH & SIEBERS 1992, S. 517). Auch wenn durch das Abrufen der Montagereports aus räumlich verteilten Quellen eine Netzwerkfunktion vorhanden ist, handelt es sich - was die Kommunikationsmöglichkeiten angeht - um ein geschlossenes System. Die Werker können keine anderen Informationen anfordern, als die, die im System verankert sind.

Eine Anwendung für ein Mensch-Rechner-System, bei dem die Nutzung der Mitarbeitererfahrung im Vordergrund steht, ist das von DOEGE U.A. (1994) beschriebene 'Informationssystem zur Analyse und gezielten Rückführung von Planungsfehlern in der Blechbearbeitung'. Ein Informationssystem mit hinterlegtem Datenbankmanagement wird vorgestellt, welches eine systematische Fehleraufbereitung ermöglicht. Hierbei handelt es sich um ein Konzept mit Mensch-System-Dialog, bei dem die Aufbereitung von Know-how hohen Stellenwert hat. Anzumerken ist jedoch, daß der Fokus des Ansatzes auf dem Sammeln von aktuellem Expertenwissen liegt und nicht auf kommunikativen Aspekten.
Eine ähnliche Zielrichtung verfolgt ein Konzept zur Rückführung von Erfahrungsdaten aus der NC-Fertigung (SPATH U.A. 1995). Ein in den Arbeitsablauf des Maschinenbedieners integriertes Zusatzmodul ermöglicht dabei das Erfassen und Auswerten von Prozeßwissen.

SPATH U.A. (1994) stellen auch ein Informationssystem vor, das sowohl die Planung von Demontagevorgängen unterstützt als auch bei der Durchführung der eigentlichen Demontageprozesse assistiert. Bemerkenswert ist, daß die Informationsdichte und der Detaillierungsgrad für den Einsatz auf Produktionsebene durch Auswahl einer 'Qualifikationshierarchie' an die Bedürfnisse der einzelnen Mitarbeiter angepaßt werden können. Damit wird der flexible Einsatz auch niedrig qualifizierter Personen an manuellen Arbeitsplätzen in Aussicht gestellt. Dieses Informationssystem ist für den lokalen Einsatz an Demontagearbeitsplätzen vorgesehen. Es basiert auf einer Datenbank und verwendet multimediale Technik zur Informationsaufbereitung.

Auch die von WEULE U.A. (1993) vorgestellte kooperationsfördernde Arbeitsumgebung berücksichtigt die Teilnehmer mit individuellen Attributen, was sich u.a. in angepaßten Benutzerschnittstellen äußert. Bei dieser Umgebung handelt es sich um ein System zur Unterstützung von Teamarbeit mit integriertem Workflow-Management, das für Prozesse in der Konstruktion oder Produktionsplanung ausgelegt ist.

WIENDAHL & RADOW (1994) schlagen den Einsatz von hypermedialer Technik vor, um 'den Werker mit seinem Prozeßwissen in einen bidirektionalen Informationsfluß mit allen Ebenen des Industriebetriebs einzubinden'. Der Bedarf an einer verbesserten Informationsbereitstellung wird damit begründet, daß die vom Montagepersonal durchzuführenden Tätigkeiten zunehmend an Komplexität gewinnen und eine höhere Eigenverantwortlichkeit der Mitarbeiter erfordern. Durch den

Einsatz computerunterstützter Medien (z.B. Hyperbildtechnik) soll ein Informationssystem geschaffen werden, welches auch die Rückführung von Montagefachwissen aus dem operativen Bereich ermöglicht. Hiermit soll ein ebenenübergreifender Regelkreis geschlossen werden. Der Ansatz geht über die Projektierung eines reinen Informationssystems hinaus, da auch Möglichkeiten für den Informationsrückfluß angestrebt werden (Wissensakquisition auf der operativen Ebene). Es wird jedoch hauptsächlich auf ein Dokumentationssystem und weniger auf ein Kommunikationssystem zur Auftragsabwicklung fokussiert.

Ein sehr weitreichender Ansatz zur datentechnischen Eingliederung manueller Arbeitsbereiche im Rahmen eines Informationssystems ist bei GEHLHAAR (1995) zu finden. Seine Arbeit stellt ein Konzept für ein verteiltes Kommunikations-, Informations-, Steuerungs- und Planungssystem in Form eines Arbeitsplatz-Informationssystems (AIS) vor. Das System soll Maschinenbediener in der Teilefertigung bei der Bewältigung neuer Arbeitsaufgaben unterstützen, die durch Umstrukturierungsmaßnahmen wie Segmentierung oder Einführung teilautonomer Gruppenarbeit entstehen. Zu dem erweiterten Aufgabenspektrum zählt GEHLHAAR (1995, S. 4-5) unter anderem das Übernehmen von Teilfunktionen der Fertigungssteuerung, die maschinennahe Arbeitsvorbereitung, Qualitätssicherungsaufgaben, Instandhaltungstätigkeiten und produkt- sowie prozeßbegleitende Dokumentation. Zudem werden die Mehrmaschinenbedienung durch Fernüberwachung sowie Ferneingriffsmöglichkeiten und die schichtinterne sowie schichtübergreifende Information von und die Kommunikation zwischen Mitarbeitern der Fertigungsebene unterstützt. Letzteres ermöglichen Mail-Funktionen, die den Nachrichtenaustausch zwischen Kollegen über das Netzwerk erlauben. Das System wurde auf Basis eines kommerziellen Netzwerkbetriebssystems realisiert (IBM LAN-Server). Es unterstützt die Mensch-Maschine-Schnittstelle mit multimedialer Technik und sieht auch den Austausch von Maschinenbelegungstabellen, d.h. letztendlich Aufträgen, und BDE-Daten mit dem Leitstand vor. Der Schwerpunkt der Arbeit liegt jedoch auf dem Bereitstellen einer Vielzahl unterstützender Funktionen für den Maschinenbediener und weniger auf der ebenenübergreifenden Kommunikation.

Zusammenfassend kann bemerkt werden, daß die vorgestellten Informationssysteme für eine intensive Informationsaufbereitung eingesetzt werden, was auch aus dem starken Einsatz multimedialer Technik ersichtlich ist. Die Arbeiten beschäftigen sich umfassend mit dem Nutzer der Informationssysteme und dessen Akzeptanzverhalten. Bemerkenswert ist, daß einige Systeme für unterschiedliche Anwendergruppen adaptierbar sind. Aber auch bei diesen Informationssystemen steht eine vernetzte, bereichsübergreifende Kommunikation mit anderen an der Produktion beteiligten Komponenten nicht im Vordergrund. Lediglich der Datenaustausch mit anderen Anwendungen ist teilweise implementiert.

5.2.3 Datentechnische Kopplung manueller Arbeitsbereiche

Ansätze zur Integration des Produktionspersonals in einen ebenenübergreifenden Datenaustausch sind als Anwendung für die Teilefertigung mit numerisch gesteuerten Maschinen zu finden. Die von FRIEDERICH (1993) durchgeführte Analyse der Steuerungen von NC-Bearbeitungsmaschinen zeigt, daß es mindestens drei Steuerungen gibt, die den Nachrichtenaustausch zwischen Maschinenbediener und übergeordnetem Fertigungsrechner unterstützen. Ein DNC-Anwendungsdienst gestattet hierbei das Versenden 'freier Zeichenketten' (FRIEDERICH 1993, S. 77). Weitergehende Konzepte zur Informationsübermittlung sind in Form von Werkstattsteuerungssystemen entwickelt worden. Die Hauptziele dieser erweiterten BDE/MDE- und DNC-Systeme (WITTE U.A. 1993, S. 72) sind die flexible und möglichst papierarme Verteilung von Aufträgen sowie die Datenrückführung.

Im folgenden werden zum einen Beispiele vorgestellt, die neben beteiligten NC-Maschinen in ähnlichem Umfang auch den Maschinenbediener auf Werkstattebene in den Datentransfer einbeziehen. Zum anderen werden Konzepte zur datentechnischen Verbindung räumlich getrennter Arbeitsbereiche beschrieben.

Auch wenn im zunehmenden Maß BDE-Systeme für den Datenrückfluß eingesetzt werden, erfolgt die Informationsverteilung an die Mitarbeiter meistens noch über Papierbelege wie Werkstattaufträge, Zeichnungen, Lohnscheine usw. Um die Informationsflußlücke zwischen der Arbeitsverteilung durch das Werkstattsteuerungssystem und der Auftragsbearbeitung an den Maschinen zu schließen, stellt LESCH (1992) ein System mit dem Namen Famos vor (Flexible Automated Manufacturing Operating System), welches für die Einzel- und Kleinserienfertigung ausgelegt ist. Über ein Netzwerk sind vier Ebenen miteinander verbunden (siehe Bild 5-3). Ganz oben steht ein übergeordnetes PPS-System, welches Aufträge an die Werkstattsteuerung weitergibt. Letztere führt die Feinplanung durch und vergibt die Auftragsliste mit den verteilten Arbeitsgängen über das Netzwerk an sogenannte BDE/DNC-Monitore. Die hier abgelegten Aufträge werden dann vom Meister auf die verschiedenen Einzelarbeitsplätze (DNC-fähige Maschine oder Mitarbeiterterminals) aufgeteilt. Eine direkte Verbindung von der Werkstattsteuerung zu den Einzelarbeitsplätzen ist auch möglich. Über die an den Einzelarbeitsplätzen stehenden BDE/DNC-Terminals können die Mitarbeiter die ihnen zugeteilten Aufträge durch Auswählen aus der Auftragsliste anmelden. Der Bearbeitungsbeginn und der Auftragszustand werden an die BDE/DNC-Monitore und von dort aus an das Werkstattsteuerungssystem gemeldet. Sowohl der Meister als auch die Fertigungssteuerung sind damit über den aktuellen Zustand aller Aufträge informiert. Als Vorteil der bis zum Einzelarbeitsplatz durchgängigen papierarmen Informationsvermittlung nennt LESCH (1992, S. 62) die gesteigerte Aktualität der Daten und die erhöhte Transparenz der Fertigung.

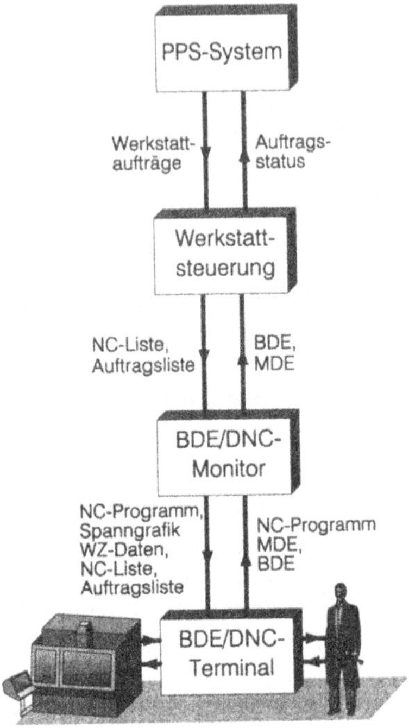

Bild 5-3: Kommunikation über vier Ebenen (LESCH 1992)

Das dargelegte Konzept zeigt auf, wie die datentechnische Vernetzung mehrerer Ebenen in einem Unternehmen erfolgen kann. Bei der Informationsverteilung wird auch der Mensch auf Produktionsebene - in diesem Fall der Maschinenbediener - mit einbezogen. Der Schwerpunkt liegt hier auf der papierlosen Vergabe von Fertigungsaufträgen und auf der Möglichkeit zur durchgängigen Steuerung und Verfolgung von Werkstattaufträgen. Die Informationsübermittlung zwischen den

Maschinenbedienern und dem System in bidirektionaler und dialogorientierter Weise ist dabei aufgrund festgelegter Abläufe nur eingeschränkt vorgesehen.

Um die Hauptziele Datenkonsistenz und Datenrückführung zu ermöglichen, schließt das von BIERLICH & GRANOW (1992) beschriebene 'Leitstandintegrierte DNC- und Auftragssteuerungssystem' auch die Einbindung der Maschinenbediener in den Informationsfluß ein. Bei der Infrastruktur des produktionsnahen Datennetzes handelt es sich um ein homogenes Netzwerk auf Ethernetbasis mit TCP/IP als Übertragungsprotokoll. Spezifische Subnetze wurden bereits bei der Projektierung des Systems von vornherein ausgeschlossen. Zur Erfüllung der kommunikationsrelevanten Funktionen für die Produktion stehen zwei Schnittstellenarten zur Verfügung, nämlich die Maschinenschnittstellen und die Mensch-Maschine-Schnittstelle für den Mitarbeiterdialog. Der Mitarbeiterdialog kann über die Funktionstasten eines Terminals und mittels eines mehrzeiligen Displays erfolgen. Für höhere Integrationsstufen, z.B. zur Darstellung von Auftragsdaten, Arbeitsganginformationen und Werkzeuglisten, ist der Einsatz von grafischen Bildschirmterminals vorgesehen. Die Kommunikation zwischen den Maschinenbedienern und der 'Auftragsdurchsetzungsebene' ist nur begrenzt möglich, da das System lediglich Funktionen zum Abrufen von Daten bietet. Fertigungsaufträge und die dazugehörigen NC-Programme werden beispielsweise von einem 'Werkstattinformationssystem' zwischengepuffert und können dann von dort aus abgerufen werden; eine Online-Kommunikation, die über die Zuteilung von Aufträgen hinausgeht, ist nicht möglich.

Ein umfassendes Konzept zur Gestaltung der Abläufe und der technischen Bestandteile eines Werkstattsteuerungssystems wird von WITTE U.A. (1993) beschrieben. Die Notwendigkeit einer Werkstattsteuerung wird damit begründet, daß kurzfristige Störungen wie Kapazitätsausfälle oder Eilaufträge das Eingreifen und Detaillieren der Rahmenpläne unter neuen Voraussetzungen auf Produktionsebene erforderlich machen. Es wird einerseits die Notwendigkeit aufgezeigt, durch Erfassen, Verarbeiten und Rückführen aktueller Auftrags- und Kapazitätszustände einen Regelkreis entstehen zu lassen, der die Produktions- und die Auftragsleitebene einschließt. Andererseits wird aber auch erkannt, daß die Betriebsdatenerfassung im wörtlichen Sinne zum Erfassen und Rückführen von Daten nicht ausreicht. 'Erst mit der geeigneten Bereitstellung von Informationen wird der Regelkreis geschlossen - eine Tatsache, die

in der Praxis häufig verkannt wird' (WITTE U.A. 1993, S. 70). Von diesen Erkenntnissen wird der Bedarf an einer Betriebskommunikation abgeleitet, die beide Richtungen des Informationsflusses abdeckt - sowohl von der Produktions- zur Leitebene als auch umgekehrt. Der größte Vorteil der Betriebskommunikation wird dabei in der automatisierten Bereitstellung von Informationen in der Produktion gesehen, da der in vielen Betrieben gängige Informationsfluß auf Papierbasis die Nachteile hat, daß zum einen das Erstellen und Verteilen der Papiere mit hohem Aufwand verbunden ist und zum anderen die Gefahr besteht, daß die Unterlagen verschiedene Änderungszustände aufweisen und nicht aktuell sind.
Zur Lösung der obengenannten Problematik wird ein Betriebskommunikationssystem vorgestellt, welches zur DV-technischen Unterstützung auf Produktionsebene eine Kombination von BDE/MDE- und DNC-Systemen auf Basis 'intelligenter Terminals' vorsieht. Für die Mitarbeiter bestehen dabei folgende Kommunikationsmöglichkeiten:

- An- und Abmeldung mittels einer Leseeinheit, die die Personalnummer des Werkausweises ermittelt (zum Zweck der Lohnabrechnung),
- Zuteilung von Arbeitsgängen vom Leitsystem an die Arbeitsplätze; die Mitarbeiter erhalten dabei detaillierte Arbeitsanweisungen und können zudem Detailzeichnungen abrufen,
- Vorschau auf den nächsten anstehenden Arbeitsgang (Auftrag),
- Anfordern des benötigten NC-Programms und
- gegebenenfalls Auslösen von Störungsmeldungen.

Das vorgestellte Konzept zeigt die Chancen der DV-Unterstützung im Bereich der Werkstattsteuerung durch die Verbindung von Leit- mit Kommunikationssystemen. Der Schwerpunkt des Konzepts liegt auf der papierlosen Auftragsverteilung und im Erfassen von Betriebszuständen. Der Informationsaustausch erfolgt dadurch, daß das Leitsystem den Arbeitsplätzen die verschiedenen Arbeitsgänge zuteilt, die zu den zur Bearbeitung anstehenden Werkstattaufträgen gehören. Der Maschinenbediener kann daraufhin die zu dem Auftrag gehörenden Unterlagen abrufen. Über ein MDE-System wird der Auftragsstatus rückgemeldet. Eine direkte Kommunikation der Maschinenbediener mit Instanzen anderer Bereiche oder Ebenen ist nicht realisiert.

Die vorgestellten Beispiele zeigen die Vorteile einer bereichsvernetzenden Datentechnik für die Produktion. Bei allen Konzepten steht die Optimierung folgender Punkte im Vordergrund:

- Steigerung der Transparenz bei der Auftragsabwicklung,
- papierarme Auftragsabwicklung,
- Gewährleistung von Datenaktualität sowie -konsistenz und
- Ermöglichung des Datenrückflusses.

Was die Kommunikation mit den Maschinenbedienern angeht, sind die Möglichkeiten der bidirektionalen Kommunikation nur eingeschränkt verwirklicht. Die vorgesehenen Abläufe sind auf das Verteilen von Aufgaben ausgerichtet. Eine zentralistische Instanz überträgt dabei Aufträge an Subsysteme. Die Maschinenbediener können dann wiederum die Daten von den Subsystemen abrufen. Es besteht keine Möglichkeit, in Dialogform zu kommunizieren. Beispielsweise ist keine Option vorhanden, die Rücksprache erlaubt; der Maschinenbediener ist damit Befehlsempfänger. Zudem wird das Produktionspersonal nicht über die Bearbeitung des Prozesses 'Teilefertigung' hinausgehend unterstützt.

Neben der datentechnischen Einbindung des 'Produktionsfaktors Mensch' im Bereich der Teilefertigung gibt es noch weitere Anwendungsbeispiele, in denen manuelle Arbeitsbereiche datentechnisch mit anderen Systemen gekoppelt werden. Hauptziel dieser Anwendungen ist das Überbrücken großer Distanzen. Die Konzepte eignen sich jedoch nur begrenzt für den Einsatz in produzierenden Bereichen.

Als Konzept werden in INDUSTRIE ANZEIGER (1995) die Möglichkeiten der Koordination von und der Kommunikation zwischen geographisch auseinander liegenden Unternehmensbereichen, wie beispielsweise Entwicklung und Teilefertigung, für ein 'Global Sourcing' mittels DTC (Desktop Conferencing) beleuchtet. Unter anderem wird ein multimedialer Arbeitsplatz für den industriellen Einsatz vorgestellt, der auf kommerziellen Kommunikationsnetzen von Telefongesellschaften basiert. Ziel ist es, Produktionsstätten an verschiedenen Standorten durch kooperatives Arbeiten zu koordinieren und die Produktion in zunehmend komplexeren Unternehmensstrukturen zu steuern. Neben der Flexibilisierung des Unternehmens durch die Nutzung weltweiter Ressourcen wird auch der Kostenfaktor (Einsparung von Zeit- und Reisekosten) als positives Kriterium genannt.

Ein Konzept, das ebenfalls Telekommunikationsdienste (ISDN, Integrated Services Digital Networks) nutzt, ist die von ADAM U.A. (1995) beschriebene und WWW-basierte (World Wide Web) Kommunikationsplattform zur standortübergreifenden Kooperation. Die Anwendung strebt hauptsächlich die Unterstützung des kooperativen Arbeitens mittels Telekonferenztechnik an; aber auch die netzwerkbasierte Unterstützung bei der Instandhaltung von Industrierobotern wird als Einsatzbeispiel genannt (ADAM U.A. 1995, S. 493). Interessant ist dabei, daß es möglich ist, den einzelnen Teilnehmern bestimmte Rollen zuzuweisen. Bei Telekonferenzen gibt es beispielsweise den Moderator, den Mitarbeiter und den Zuschauer. Die Rollen sind mit unterschiedlichen Eingriffsrechten verbunden. Das System legt Wert auf eine anwendernahe Gestaltung und versucht, die Heterogenität von Endgeräten durch eine einheitliche und netzwerkübergreifende Schnittstelle zwischen Anwendungsprogrammen und Netzwerkprotokollen zu umgehen (ADAM U.A. 1995, S. 490).

Von der Firma ABB Nera wurde ein System mit dem Namen Camnet entwickelt (TOP BUSINESS 1994). Per ISDN- und Satellitentechnik ermöglicht es die Verbindung von zwei beliebigen Standorten, wobei Sprach- und Videosignale in beide Richtungen übertragen werden (siehe Bild 5-4). Als Einsatzbeispiel wird die Versorgung von Experten mit Online-Informationen an geographisch entlegenen und nicht infrastrukturierten Orten gegeben. Zielgruppen für das Produkt sind unter anderem die Luftfahrt- sowie Petroindustrie und das Militär. Aufgrund des hohen Anschaffungspreises hat das System jedoch keine Verbreitung gefunden.

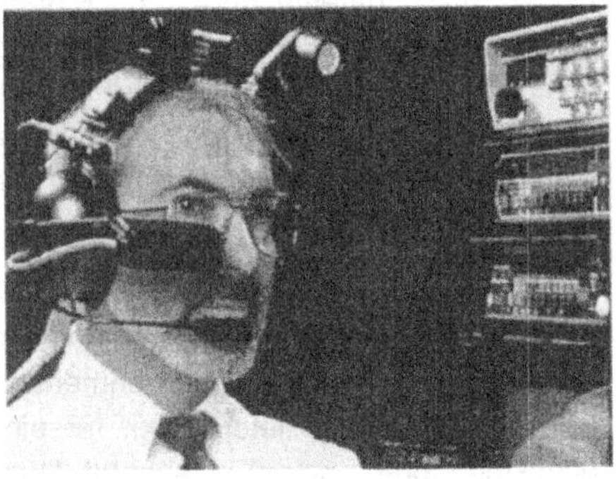

Bild 5-4: Das ortsungebundene System 'Camnet' zur Online-Kommunikation

Sowohl die beiden Konzepte für rechnerunterstütztes kooperatives Arbeiten (CSCW, Computer-Supported Cooperative Work) als auch das System 'Camnet' beziehen sich allgemein auf Telearbeit. Sie berücksichtigen jedoch nicht die gewerblichen Mitarbeiter auf Produktionsebene, da die verwendeten Techniken für diesen Einsatz unwirtschaftlich sind.

Zusammenfassend kann festgestellt werden, daß sich fast alle Ansätze zur datentechnischen Kopplung industrieller Arbeitsplätze auf den Bereich der Teilefertigung mit NC-Maschinen konzentrieren. Hier wurden teilweise sehr weitreichende Konzepte zur bereichsübergreifenden Informationsverteilung über mehrere Ebenen verwirklicht. Als Vorteile werden die Erhöhung der Transparenz, die Gewährleistung von Datenaktualität und die schnelle sowie papierarme Auftragsabwicklung genannt. Die Ansätze basieren technisch gesehen meistens auf einer Erweiterung von MDE- und/oder BDE-Systemen.

Ein Schwachpunkt der vorgestellten Konzepte ist, daß es sich um Lösungen handelt, die jeweils an spezielle Umgebungen angepaßt sind. Die Systeme sehen zudem keine Möglichkeit für die dialogorientierte Kommunikation vor. Außerdem ist keine Informationsbereitstellung vorgesehen, die über die spezielle Prozeßbearbeitung hinausgeht. Damit kann die Informationstechnik nicht dazu dienen, die Erweiterung des Tätigkeitsspektrums der Mitarbeiter zu unterstützen.
Die flexiblen Systeme, die eine Online-Übertragung von beliebigen audiovisuellen Daten erlauben, werden aus Kostengründen nicht für den industriellen Bereich eingesetzt. Allen Systemen fehlt der Ansatz, eine Kommunikationsplattform ausgehend von einem industriellen Standard zu schaffen.

5.3 Technische Möglichkeiten zur Vernetzung industrieller Komponenten

Im folgenden soll eine Übersicht über industrielle Netze gegeben werden, die für die in dieser Arbeit zu entwickelnde Anwendung interessant sind. In Bild 5-5 (auf der nächsten Seite) sind in Anlehnung an BENDER (1992, S. 24) und SPANIOL & HERMANNS (1995, S. 22) die funktionalen Informationsebenen dargestellt. Für die Integration des Menschen in den bereichsvernetzenden Datenverkehr ist die Kommunikation mit Komponenten innerhalb und oberhalb der Zellenebene relevant.

Bei vielen auf dem Markt angebotenen industriellen Bussystemen handelt es sich um firmenspezifische Produkte, die Bestandteil einer Komplettlösung sind. Da im Rahmen der vorliegenden Arbeit der Mensch als neuer Teilnehmer in die industriellen Kommunikationsabläufe integriert werden soll, sind derartige geschlossene Systeme als Basis für

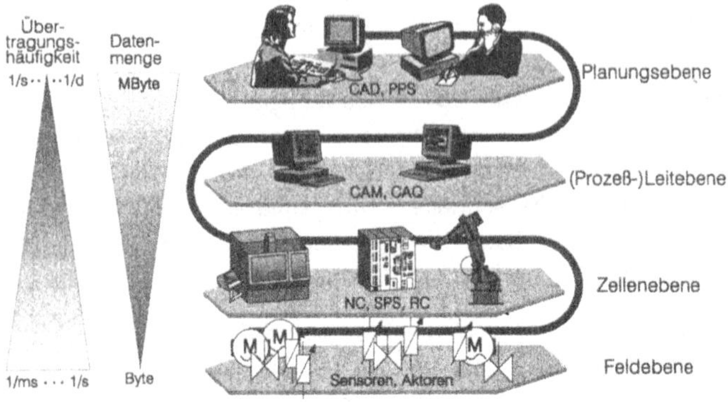

Bild 5-5: Datenbezogenes Ebenenmodell der industriellen Produktion

die informationstechnische Vernetzung heterogener Produktionsbereiche ungeeignet. Es ist eine Kommunikationsplattform erforderlich, die die Heterogenität in den Hintergrund treten läßt (ADAM U.A. 1992, S. 358). Aus diesem Grund beschränkt sich der nachstehende Überblick auf offene Standards, die von mehreren Herstellern unterstützt werden und die fast ausnahmslos nach dem ISO/OSI-Referenzmodell (siehe Bild 5-6) gestaltet sind. Für einen detaillierten Vergleich von technischen Parametern der einzelnen Systeme wird auf DUELEN U.A. (1995), FÄRBER (1994) und FEMBACHER (1994) verwiesen. Einzelheiten über das ISO/OSI-Referenzmodell sind unter anderem bei BENDER (1992, S. 33ff) oder PECH (1994, S. 8-16) nachzulesen.

Bild 5-6: Das ISO/OSI-Referenzmodell (ISO IS 7498)

Sensor-Aktor-Busse werden hauptsächlich zum Datenaustausch innerhalb der Automatisierungsgeräte oder in deren unmittelbarer Peripherie eingesetzt. Sie haben aufgrund der an sie gestellten Anforderungen, kleine Datenmengen (wenige Byte) mit größtmöglicher Sicherheit in kürzester Zeit (Echtzeit) zu übertragen, für die Informationsübertragung zwischen an der Produktion beteiligten Komponenten der Zellenebene wenig Bedeutung. Reine Sensor-Aktor-Busse werden deswegen im weiteren nicht näher beschrieben, auch wenn Systeme wie CAN (Control Area Network) oder SERCOS-Interface (Serial Real Time Communication System) aufgrund ihrer offenen Architektur für ihre Einsatzbereiche De-facto-Standards sind.

5.3.1 MAP/MMS

MAP (Manufacturing Automation Protocol) ist ein internationaler Standard zur Erfüllung des industriellen Kommunikationsbedarfs, der Anfang der achziger Jahre von General Motors initiiert wurde. Mit der Version MAP 3.0 wurde 1988 eine Spezifikation festgelegt, die die Vorgänge in einer ausgedehnten Kommunikationsarchitektur definiert. Die Protokollhierarchie umfaßt alle sieben Schichten des ISO/OSI-Referenz-Modells (siehe auch Bild 5-7 auf S. 84). Für den Anwender ist die siebte Schicht - die Anwenderschicht - von Interesse. Von MAP wird hier die Spezifikation MMS (Manufacturing Message Specification) vorgeschlagen. MMS definiert als eine Art technologische Sprache (SCHMIDT 1993, S. 41) die zur Verfügung stehenden Funktionen, die zur informationstechnischen Steuerung und zur Koordinierung industrieller Anwendungen benötigt werden.

Der MMS-Standard ist in einem umfangreichen Normenwerk beschrieben (ISO/IEC 9506 1990, Teil 1 und 2). Zusätzlich typisieren sogenannte Companion-Standards die Beschaffenheit und die Verhaltensweisen verschiedener Gerätekategorien. Der Kern eines Companion-Standards ist die abstrakte Modellierung der Geräteeigenschaften (BÄRENREUTHER & SOMMER 1993, S. 43). Wenn ein Gerät aus einer dieser Gruppen datentechnisch integriert werden soll, muß kein neues Kommunikationsmodell aufgebaut werden. Man braucht nur die gerätespezifischen Befehle an das Modell anzupassen. Companion-Standards existieren für Roboter (ISO/IEC 9506-3 1991), NC-Maschinen (ISO/IEC 9506-4 1992) und für die Prozeßüberwachung bzw. -steuerung (ISO/IEC 9506-6 1994). Zudem gibt es Ansätze zur datentechnischen Verbindung anderer Anwendungsgebiete. Beispielsweise stellt BÄRENREUTHER (1994) die Realisierung durchgängiger Qualitätsregelkreise mittels MMS-basierter Informationsflußinfrastrukturen vor.

Ein Derivat der MAP-Spezifikation ist FAIS (Factory Automation Interconnection System). FAIS wurde 1989 aufgrund einer japanischen Initiative entwickelt und soll durch Weglassen der Schichten 3 bis 6 des ISO/OSI-Referenz-Modells eine MMS-kompatible Netzwerkarchitektur für zeitkritische Anwendungen schaffen. FAIS entspricht damit dem Aufbau der meisten Feldbussysteme.

5.3.2 PROFIBUS

Der PROFIBUS (Process Field Bus) entstand 1987 auf Initiative der deutschen Industrie hin und ist seit 1991 in der Norm DIN 19245, Teile 1 und 2, spezifiziert. Er deckt sowohl den Bereich der Zellenebene als auch den der Feldebene ab. Um dies zu erreichen, gibt es insgesamt drei Varianten: Der PROFIBUS-FMS ist für den universellen Einsatz auf Zellenebene konzipiert, der PROFIBUS-DP ist für zeitkritische Anwendungen auf Feldebene geeignet, und der PROFIBUS-PA ist als eigensichere Variante für den Einsatz in der explosionsgefährdeten Verfahrenstechnik ausgestattet. Alle Varianten basieren auf der gleichen Technologie. Von dem ISO/OSI-7-Schichtenmodell sind Schicht 1, 2 und 7 realisiert. Die Anwenderschicht (Schicht 7) des PROFIBUS stellt 39 Kommunikationsfunktionen zur Verfügung, die in der Spezifikation FMS (Fieldbus Message Specification) festgelegt sind (BENDER 1992, S. 96). Die FMS-Funktionen sind dabei eine Untermenge der MMS-Funktionen (DUELEN U.A. 1995, S. 18). Zur Anwendung der PROFIBUS-Funktionen beim Datenaustausch mit Produktionskomponenten wurden sogenannte Profile definiert, welche die für die Praxis relevante Teilmenge der zur Verfügung gestellten Leistungen festlegt. Insgesamt werden drei Profilarten unterschieden: Kommunikations-, Geräte- und Branchenprofile (BENDER 1995, S. 12). Mit einem Kommunikationsprofil kann der Anwender den Informationsgehalt der Geräte frei definieren. Werden zusätzlich die Gerätefunktionen und -reaktionen definiert, dann spricht man von einem Geräteprofil. Das Branchenprofil legt die Kommunikation und den Informationsgehalt für eine branchentypische Anwendung fest, z.B. die Gebäudeleittechnik.

5.3.3 INTERBUS-S

Der INTERBUS-S ist ein von der Firma Phoenix Contact entwickeltes Bussystem, welches hauptsächlich für den echtzeitkritischen Feldbereich konzipiert ist. Da die seit 1987 bestehende Spezifikation offengelegt wurde, gibt es eine Vielzahl von Anschaltungen zu Automatisierungsgeräten verschiedenster Hersteller. Das INTERBUS-S-Protokoll ist in Deutschland national in der Norm DIN 19258 festgelegt. Der Aufbau der Datenübertragung des INTERBUS-S orientiert sich am ISO/OSI-Referenzmodell, wobei jedoch lediglich die Schichten 1, 2 und 7 ausgebildet sind (BAGINSKI & MÜLLER 1994, S. 71-73). Anwender bedienen sich der 13 PMS-Dienste (Peripheral Message Specification) der siebten Schicht, um die Kommunikation zwischen Busteilnehmern zu realisieren. Die PMS-Dienste sind eine Untermenge der FMS-Dienste des PROFIBUS (BLOME & KLINKER 1993, S. 14), welche wiederum eine Untermenge der MMS-Dienste sind (SPANIOL & HERMANNS 1992, S. 37). Die Spezifikation enthält auch vier standardisierte Beschreibungen - Profile genannt - des Kommunikationsumfangs und -ablaufs mit Antriebssteuerungen, mit Winkelmeßgebern, mit Prozeßreglern und mit Elementen der Sensor/Aktor-Ebene. Hieran ist zu erkennen, daß das Haupteinsatzgebiet des INTERBUS-S auf der Feldebene liegt. Der INTERBUS-S ist zur Zeit eines der am weitesten verbreiteten Feldbussysteme in Deutschland.

5.3.4 FIP

Der FIP-Bus (Factory Information Protocol) resultiert aus einem Projekt, das 1987 von der französischen und italienischen Industrie initiiert wurde und 1991 in die französische Norm UTE-NF C-602 bis C-607 mündete. Was Einsatz, Umfang und Bedeutung sowie Verbreitung in dem jeweiligen nationalen Umfeld anbelangt, ähnelt der FIP-Bus stark dem PROFIBUS. Der Unterschied zwischen beiden Systemen liegt in der Bussteuerung. Der FIP arbeitet mit zentraler, der PROFIBUS mit dezentraler Bussteuerung (KLEHMET U.A. 1993, S. 407). Der FIP basiert auf einem sehr sicheren Übertragungsverfahren; insgesamt stehen drei Übertragungsraten zur Verfügung. Wie die meisten Feldbusse sind auch beim FIP lediglich die Schichten 1, 2 und 7 des ISO/OSI-Referenzmodells ausgebildet. Die Anwenderschicht ist in drei Funktionsgruppen aufgeteilt. Für die Übertragung von Nachrichten stehen dabei sogenannte subMMS-Dienste, eine Untermenge von MMS, zur Verfügung (KESSLER 1994, S. 201). Mit dem WorldFIP-Projekt wird versucht, über die nationale Bedeutung hinauszukommen und einen internationalen Standard festzulegen (FÄRBER 1994, S. 29).

5.3.5 DIN-Meßbus

Der DIN-Meßbus ist in der Norm DIN 66348, Teile 1 bis 3, spezifiziert. Die Normung aller Schnittstellenparameter gewährleistet herstellerunabhängige Gerätekompatibilität (ROSE 1994, S. 21). Der DIN-Meßbus wird hauptsächlich in der Fertigungsmeßtechnik und im Qualitätssicherungsbereich eingesetzt. Sein Schwerpunkt ist die Sicherheit bei der Datenübertragung. Auch beim DIN-Meßbus sind lediglich die Schichten 1, 2 und 7 des ISO/OSI-Referenzmodells ausgebildet. Die Anwenderschnittstelle des DIN-Meßbusses orientiert sich an dem Nachrichtensystem MMS. Für einige ausgewählte MMS-Dienste besteht Normierungsbestrebung (FEMBACHER 1994. S. 280).

5.3.6 BITBUS

Der BITBUS wurde 1984 von Intel spezifiziert und 1991 durch die Norm IEEE 1118 international definiert. Haupteinsatzgebiet ist die Kopplung zwischen Steuerungen und Leitrechnern innerhalb und oberhalb der Feldebene. Der Aufbau des BITBUS orientiert sich am ISO/OSI-Referenzmodell, wobei wiederum lediglich die Schichten 1, 2 und 7 ausgebildet sind (FURRER 1994, S. 17). Die Anwenderschicht gestaltet sich als sogenannte RACs (Remote Access Commands), mit denen Speichermanipulationen in anderen, entfernten Geräten realisiert werden können. Insgesamt stehen 28 RAC-Funktionen zur Verfügung (FURRER 1994, S. 97). Sie sind allerdings keine Untermenge von MMS (FEMBACHER 1994, S. 265) und deshalb inkompatibel mit MMS-basierten Systemen.

5.3.7 ISP-Bus (IEC-Feldbus)

ISP (Interoperable System Project) war ein Vorschlag für eine internationale Feldbus-Norm, der 1992 ins Leben gerufen wurde und der sich weitgehend am Funktionsumfang des PROFIBUS und des FIP-Bus orientierte (DÖBRICH 1994, S. 55). Die Bestrebungen für die Realisierung des ISP-Bus wurden 1994 eingestellt, da keine gemeinsame, tragfähige Lösung gefunden werden konnte (FÄRBER 1994, S. 16-17). Auch der ISP-Bus basierte auf dem ISO/OSI-7-Schichtenmodell, wobei wiederum nur die Schichten 1, 2 und 7 zum Einsatz kommen sollten. Die geplante Anwenderschnittstelle entsprach mit den FMS-Diensten derjenigen des PROFIBUS (FEMBACHER 1994, S. 277).

5.3.8 Die Techniken zur Vernetzung industrieller Komponenten im Überblick

Im Überblick über Systeme zur Realisierung industrieller Rechnernetze werden die Einsatzbereiche, die Verbreitung und die Architektur bestehender Konzepte untersucht. Damit wird ermittelt, auf welcher datentechnischen Basis die in dieser Arbeit zu entwickelnde Integration des Produktionspersonals in den bereichsvernetzenden Rechnerverbund am besten erfolgt.

Betrachtet man die aufgeführten Bussysteme zusammenfassend, so fällt auf, daß fast alle Systeme entweder den Standard MMS zur Grundlage haben oder zumindest versuchen, größtenteils kompatibel mit MMS zu sein. Lediglich der seit 1984 existierende BITBUS bildet eine Ausnahme, was damit zusammenhängt, daß die Spezifikation MMS zur Entstehungszeit des BITBUS noch nicht vorlag.

Die Tatsache, daß das MMS-Konzept in die meisten Produkte für die industrielle Kommunikation aufgenommen wurde, mag folgende Gründe haben:

- Die Bestrebung zur Vereinheitlichung der informationstechnischen Infrastruktur mit der Spezifikation MAP/MMS hat zum maßgeblichen Ziel, die Kosten für die Kommunikation zwischen intelligenten Systemen in der Produktion zu reduzieren (SCHOLZ 1990, S 26). Neben der Abbildung von Funktionen haben also auch wirtschaftliche Kriterien die Entwicklung geprägt - ein Gesichtspunkt, der für die Akzeptanz in der Produktionstechnik entscheidend ist.
- Im Rahmen der Bemühungen, einen internationalen Standard für den industriellen Datenaustausch zu schaffen, wurde eine Vielzahl von Anforderungen an den Aufbau produktionsnaher Rechnernetze zusammengestellt. Dieses Pflichtenheft kann als Grundstein für die Entwicklung der meisten industriellen informationstechnischen Konzepte angesehen werden.
- Das Ergebnis der langjährigen Standardisierungsmaßnahmen ist, neben der Festlegung technischer Einzelheiten zur Datenübertragung, auch die Definition einer Anwenderschicht. Diese Benutzerschnittstelle legt den Umfang und die Auswirkung der Funktionen zur industriellen Kommunikation fest. Sie ist so vollständig, daß sie nahezu für jeden Anwendungsbereich einsetzbar ist.

Erstaunlich ist die Tatsache, daß sich der Informationsaustausch auf originärer MMS-Basis nie industriell durchgesetzt hat (SCHOLZ & ISSENDORF 1994, S. 43). Dies kann mit daran liegen, daß zum einen immer nur Untermengen von MMS benötigt werden und ein derart umfassendes Konzept wie MMS damit vielfach überdimensioniert ist. Zum anderen hat es nie eine Interessengruppe für MMS-Produkte gegeben. Die Verfechter des MMS-Konzepts waren immer hauptsächlich die Benutzer, die sich in sogenannten User-Groups zusammengefunden haben. Zudem stehen einem internationalen Standard stets nationale Interessen und damit nationale Problemlösungen entgegen.

Zusammenfassend kann festgestellt werden, daß die Ergebnisse und das Erfahrungswissen, die während der Festlegung der Spezifikation MMS entstanden sind, in die meisten Konzepte für die produktionsnahe datentechnische Vernetzung eingeflossen sind. Die Anwenderschnittstellen verbreiteter Feldbussysteme basieren fast ausnahmslos auf einer Teilmenge der MMS-Dienste. Auch haben die wichtigsten Feldbussysteme das ISO/OSI-7-Schichtenmodell zur Grundlage. Die Konformität bezieht sich jedoch im allgemeinen nur auf die Schichten 1, 2 und 7 (siehe Bild 5-7). Als Grund für die Reduzierung der OSI-Schichten nennt (FURRER 1994, S. 17) die damit verbundene Verringerung des Implementierungsaufwands.
Da die Spezifikation MMS die breiteste Basis für die Integration einer neuen Komponente in eine datentechnische Infrastruktur bietet, soll sie als Entwicklungsgrundlage für die informationflußtechnische Vernetzung der Mitarbeiter in der Produktion dienen.

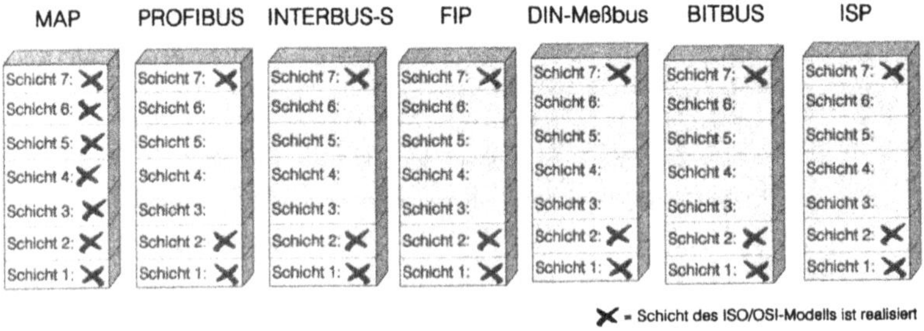

Bild 5-7: Fabrik- bzw. Feldbusse und das ISO/OSI-7-Schichtenmodell

5.4 Zusammenfassung des Stands der Technik

In der Untersuchung bestehender Konzepte und Tendenzen für den industriellen Informationsfluß wurden einerseits erfolgversprechende Ansätze vorhandener Lösungen betrachtet, die in die Systementwicklung dieser Arbeit aufgenommen werden sollen, und andererseits Verbesserungsmöglichkeiten aufgezeigt. Untersuchungsschwerpunkte waren die Möglichkeiten zur Verbesserung der Informationsbereitstellung und technische Mittel zur Vernetzung industrieller Komponenten.

Insbesondere im Bereich der NC-Fertigung wurden teilweise sehr weitreichende Konzepte zur bereichsübergreifenden Informationsverteilung über mehrere Ebenen verwirklicht. Datenkonsistenz und die hohe Geschwindigkeit der Datenübermittlung sind die vielversprechenden Merkmale der Systeme. Einige Lösungen unterstützen das individuelle Repräsentieren von Teilnehmern. Diese Individualität soll, neben der Möglichkeit zum offenen Datentransfer, in die folgende Systemkonzeption aufgenommen werden. Zusätzlich dienen die Arbeiten, die das Akzeptanzverhalten der Benutzer beleuchten, als Grundlage für das neue Kommunikationsmodell. Außerdem soll, wie bereits bei anderen Systemen umgesetzt, ein ebenenübergreifender Datenaustausch mittels eines industriellen Netzwerks realisiert werden.

Die Nachteile der vorgestellten Konzepte sind, daß es sich um sehr spezifische Lösungen handelt, die an spezielle Umgebungen angepaßt sind und nicht auf einer industriell standardisierten Kommunikationsplattform aufbauen. Keines der Systeme unterstützt eine dialogorientierte Online-Kommunikation des Produktionspersonals. Die ermittelten Lösungen sind weder für den flexiblen Einsatz in einer industriellen Umgebung konzipiert noch unterstützen sie die Erweiterung des Tätigkeitsspektrums des Produktionspersonals durch die Informationstechnik. Insbesondere hier ist Handlungsbedarf zu sehen.

Aus der Untersuchung industrieller Infrastrukturen zum Datenaustausch, die sich auch für die Integration des Produktionspersonals eignen, hat sich ergeben, daß die Spezifikation MMS eine vielversprechende Entwicklungsgrundlage für die informationflußtechnische Vernetzung verschiedener Komponenten ist. Grund hierfür ist insbesondere das Vorhandensein von Methoden zur Integration neuer Netzwerkteilnehmer, auf die zurückgegriffen werden kann.

6 Konzeption und Systementwurf

6.1 Vorgehen zur Integration des Menschen in die vernetzende Informationstechnik

Die Entwicklung der rechnerintegrierten Produktion hat die gewerblichen Mitarbeiter lediglich im Bereich arbeitsorganisatorischer Maßnahmen berücksichtigt, beispielsweise bei Bestrebungen zur Einführung von Gruppenarbeit. Bei der Entwicklung neuer technischer Hilfsmittel, insbesondere bei der informationstechnischen Vernetzung, wurde das Produktionspersonal dagegen weitgehend ausgespart. Die mannlose Fabrik mit fähigen Maschinen war das primäre Ziel. In der Praxis sind jedoch die meisten Produktionsstätten aus technischen und wirtschaftlichen Gründen einerseits und aufgrund des menschlichen Flexibilitätspotentials andererseits nie ohne das Know-how der Mitarbeiter ausgekommen. An der Stelle im Produktionsbereich, an der der Mensch steht, folgt bislang in der Regel eine Unterbrechung der vernetzenden Informationstechnik.

Die Einbindung der Mitarbeiter in den 'automatisierten' Informationsfluß (Bild 6-1) hat zum Ziel, die Flexibilität des Menschen mit der

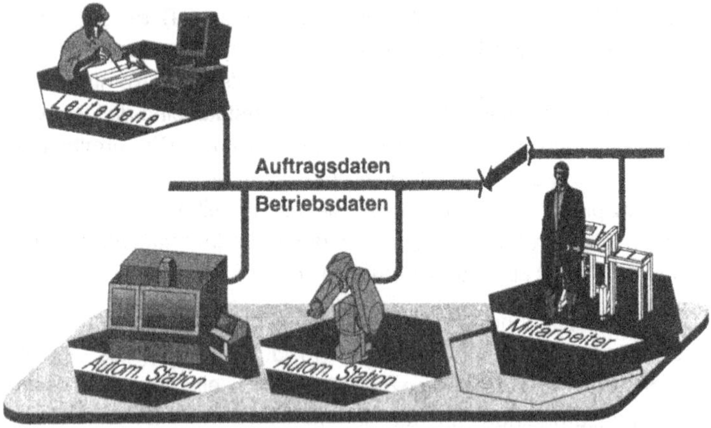

Bild 6-1: Ziel: Integration des Menschen auf der Produktionsebene in die Infrastruktur für den Informationsfluß

durchgehenden Datenhaltung und schnellen Datenverfügbarkeit der rechnerintegrierten Produktion zu verbinden. Hierdurch sind auch im manuellen Bereich Produktivitätssteigerungen und verbesserte Reaktionsfähigkeiten zu erwarten.

Die Informationstechnik, die auch manuelle Produktionsbereiche erschließt, schafft die Voraussetzung dafür, daß der Mensch als Know-how-Träger mehrere Funktionen erfüllen kann. Durch schnelle und aktuelle Informationsbereitstellung können die Mitarbeiter verschiedene Tätigkeiten wie Nacharbeit, Qualitätsprüfung, Wartung und Störungsbehebung in Personalunion ausführen, im Gegensatz zur momentan vielfach vorherrschenden Arbeitsteilung. Hierfür muß das gewerbliche Personal allerdings informationsflußtechnisch in den Verbund von Produktionsmitteln und Leitebene integriert werden.

Wie die Informationsflußanalyse (Abschnitt 3.4) gezeigt hat, herrscht an gewerblichen Arbeitsplätzen bisher vielerorts die mündliche oder papiergebundene Informationsübermittlung vor. Um die schnelle Bereitstellung aktueller Informationen verschiedenster Art zu gewährleisten, ist jedoch der bereichsvernetzende Datenfluß zweckmäßig. Deswegen gilt es, die Grundlage zu schaffen, die die Angliederung des Produktionspersonals an den Datenverbund ermöglicht - der Mensch soll die Möglichkeit zur Nutzung der informationsflußtechnischen Infrastruktur bekommen.

Im folgenden wird aufbauend auf den Anforderungen aus Kapitel 4 die Konzeption der technischen Grundlage zur informations- und kommunikationstechnischen Integration der Mitarbeiter vorgestellt. Als Ergebnis ist die Kopplung von Menschen und Informationstechnik sowie die Entwicklung eines assistierenden Kommunikationswerkzeugs möglich.

Voraussetzung für den Informationsaustausch in einem Datennetz ist, daß alle Kommunikationspartner eine einheitliche Sprache sprechen. Die Verbindung der Mitarbeiter auf Produktionsebene mit dem Datenverbund soll dadurch erfolgen, daß der Mensch als neuer Kommunikationspartner - ebenso wie andere Teilnehmer des Datennetzes - auf der Basis existierender, industriell eingesetzter Methoden und Standards als Modell abgebildet wird (Bild 6-2 auf der folgenden Seite). Das Abbild der realen Komponente ist dann der Ansprechpartner für alle informationstechnischen Vorgänge im Netzwerk. Die für kommunikative Aspekte relevanten Eigenschaften des Menschen werden damit der neuen Umgebung - anderen Netzwerkteilnehmern - transparent gemacht. Auf diese Weise sind verschiedene automatisierte Betriebsmittel, das Leitsystem und der Mensch selbst Teilnehmer in einem homogenen datentechnischen Netz, in dem alle die gleiche Sprache sprechen. Durch die Modellbildung werden die Mitarbeiter auf der Produktionsebene Teilnehmer in einem technischen Verbund ohne maschinelle Kommunikationsformen annehmen zu müssen, da das Modell als Datenschnittstelle die informationstechnischen Abläufe übernimmt.

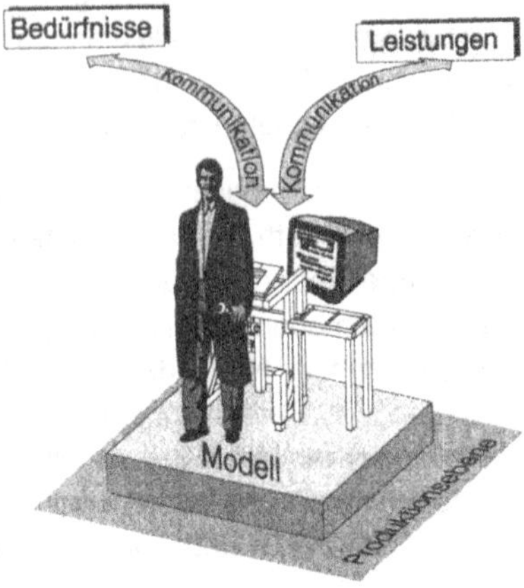

Bild 6-2: Das Modell des Mitarbeiters als kommunikationstechnische Schnittstelle

Die menschgerechte Datenaufbereitung und die Darstellung der Informationen für die Mitarbeiter sind eine aufgabenspezifische und lokale Aufgabe. Beispielsweise kann als Ergebnis der Datenübermittlung zwischen den Netzwerkteilnehmern mittels der im Modell definierten Abläufe die Referenz auf ein Dokument mit Bildsequenzen und Sprachelementen vergeben werden. Ein lokales Hilfsmittel ermöglicht daraufhin das Dekodieren und Interpretieren der Daten und ist damit für den Menschen die direkte Informationsschnittstelle. Das in diesem Kapitel vorgestellte Kommunikationsmodell ist nicht an bestimmte Hilfsmittel zur Datenaufbereitung gebunden und betrachtet individuelles Kommunikationsverhalten deswegen nicht explizit.

Basis für die Integration des Produktionspersonals in die bereichsvernetzende Informationstechnik ist das objektorientierte Kommunikationsmodell, da es ein mächtiges Werkzeug für den Datenaustausch ist, welches den Informationsaustausch über Meldungen erlaubt. Das objektorientierte Kommunikationsmodell ist in industriell eingesetzten Systemen wie MMS (PLEßMANN 1995, S. 60) oder PROFIBUS (BENDER 1992, S. 59) verwirklicht.

Um im datentechnischen Netzwerk kommunizieren zu können, müssen die Teilnehmer über die Fähigkeiten und das Verhalten der anderen Beteiligten informiert sein und umgekehrt die eigene Verhaltensweise offenlegen. Dies wird im Rahmen des objektorientierten

Kommunikationsmodells dadurch realisiert, daß die Eigenschaften der Teilnehmer in abstrakter Form als virtuelle Objekte abgebildet werden. Die virtuellen Objekte (engl. VMD = Virtual Manufacturing Device) beschreiben das von außen - also von einem anderen Netzwerkteilnehmer - sichtbare Verhalten der real angeschlossenen Komponente in einer standardisierten und damit für alle verständlichen Weise.

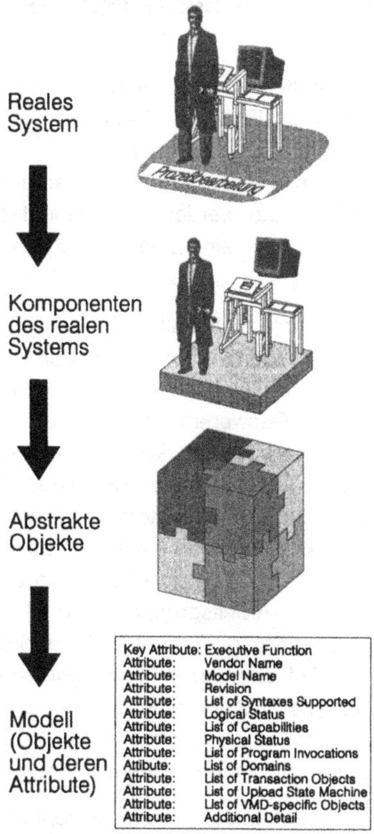

Bild 6-3: Vorgehen beim Modellieren

Die Modellierung von Teilnehmern in einem datentechnischen Netzwerk macht es möglich, daß ein heterogener Verbund in einer einheitlichen Sprache kommunizieren kann. Das Vorgehen zur informationstechnischen Modellbildung ist in ISO/IEC 9506-3 (1991, S. 22) festgelegt und in Bild 6-3 dargestellt. Demnach werden zuerst die Systemgrenze und die einzelnen zu beschreibenden Bestandteile festgelegt (siehe Abschnitt 6.2). Letztere werden dann schrittweise abstrahiert (Abschnitt 6.3), bis sie in einem Datenmodell als Objekte mit dazugehörigen Attributen beschreibbar sind (Abschnitt 6.4).

Bisherige Arbeiten haben Maschinen modelliert bzw. beschrieben. Der vorliegende Ansatz hat zum Ziel, auch den Menschen mit seinen Bedürfnissen und seinem Leistungsangebot informationstechnisch in den Verbund des Produktionssystems zu integrieren. Die Art und Weise, wie der Mensch mit seinen spezifischen Bedürfnissen berücksichtigt wird, ist in Abschnitt 6.5 dargestellt. In Abschnitt 6.6 werden die Ergebnisse der Modellbildung zusammengefaßt.

6.2 Elemente des zu beschreibenden Systems

Im ersten Schritt sind die zu beschreibenden Bestandteile des Arbeitssystems zu definieren, wobei lediglich von außen, z.B. vom Leitsystem, beeinflußbare bzw. 'sichtbare' Elemente berücksichtigt werden müssen. Lokale Bestandteile wie ein Arbeitstisch oder auch die Werkstücke werden nicht modelliert, da sie kommunikationstechnisch nicht direkt einbezogen sind und hierfür auch keine Notwendigkeit besteht.

In der Informationsflußanalyse (Kapitel 3) wurden die Kommunikationsbeziehungen auf der Produktionsebene untersucht. Im Mittelpunkt stand dabei der Mensch, der mit technischen Geräten in Wechselwirkung steht. Deswegen wurde bei der Definition des Umfangs von Kommunikationsfunktionen gefordert, beim Entwickeln des Modells den Menschen mit seiner Arbeitsumgebung zu berücksichtigen (Abschnitt 4.2). Das Arbeitssystem kann wie folgt charakterisiert werden: Es handelt sich um einen teilautomatisierten Arbeitsplatz, an dem mehrere Menschen tätig sein können, so daß der Arbeitsplatz auch als Terminal für eine Arbeitsgruppe dienen kann. Die Mitarbeiter können je nach Qualifizierung ein unterschiedliches Leistungsspektrum anbieten. Um ihre Aufgaben zu erfüllen, benutzen sie Werkzeuge sowie Vorrichtungen und bei Bedarf eine prozeßkontrollierende Steuerung. Das Arbeitssystem ist auch ohne die Anwesenheit von Menschen einsatzfähig, jedoch nur in reduziertem Umfang.

Das betrachtete System besteht damit in seiner maximalen Ausbaustufe aus drei physischen Elementen - dem Menschen, den Werkzeugen und der Steuerung (siehe Bild 6-4). Wichtigstes Element ist der Mensch, der als Know-how-Träger mit seinem Flexibilitätspotential mehrere Funktionen erfüllen kann - wenn die Voraussetzungen dazu geschaffen sind. Einerseits sollen die Mitarbeiter Aufträge oder Anweisungen erhalten, andererseits sollen sie aber auch die Bedingungen der Aufträge

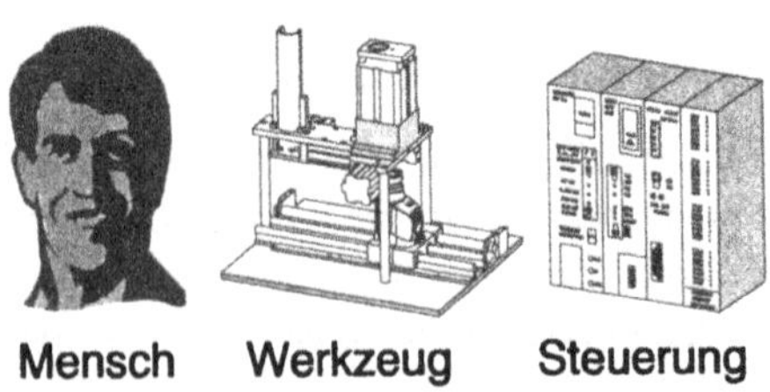

Bild 6-4: An der Prozeßbearbeitung beteiligte Aufgabenträger des teilautomatisierten Arbeitssystems

beeinflussen können, z.B. den zeitlichen Rahmen. Der Mitarbeiter soll einen Auftrag annehmen oder ablehnen und zusätzliche Informationen anfordern können. Die Berücksichtigung menschlicher Kommunikationsbedürfnisse im Rahmen der technischen Auftragsabwicklung wird gesondert in Abschnitt 6.5 behandelt.

Da der Mensch bei der Prozeßbearbeitung jedoch in den meisten Fällen mit unterstützenden Geräten arbeitet, umfaßt das Arbeitssystem zusätzlich mechanische Hilfsmittel - beispielsweise Vorrichtungen zum Bearbeiten von Montage- oder Qualitätssicherungsvorgängen. Das System soll sowohl voll- als auch teilautomatisch eingesetzt werden. Mit der Möglichkeit zum vollautomatischen Betrieb wird im idealen Auslastungsfall eine zeitliche und inhaltliche Arbeitsteilung möglich - in der Nachtschicht erfolgt im mannlosen Betrieb die automatisierte Montage eines Produkts, tagsüber führt der Mitarbeiter die anspruchsvollere Qualitätsprüfung und Nacharbeit aus.

Die nicht notwendigerweise ortsgebundenen teilautomatischen Vorrichtungen sollen von einer Steuerung und einem hinterlegten Ablaufprogramm beeinflußt werden können. Zur teil- und vollautomatischen Auftragsbearbeitung ist deswegen eine prozeßkontrollierende Steuerung nötig. Das Austauschen von Ablaufprogrammen und gegebenenfalls das Starten der Steuerung ist insbesondere im mannlosen Betrieb erstrebenswert. Aber auch wenn der Mensch lokal die Kontrolle über die Steuerung hat, ist eine Verbindung der Steuerung zum Netzwerk sinnvoll, um Betriebsdaten zu übertragen.

Die Steuerung und die Vorrichtungen sind neben dem Menschen weitere Elemente des Arbeitssystems, die netzwerkweit in der Form eines Komponentenmodells (siehe auch Bild 6-5 auf der folgenden Seite) ansprechbar sein sollen.

Die drei auf Seite 90 in Bild 6-4 dargestellten physischen Bestandteile des Arbeitssystems sind dann einsatzfähig, wenn sie mit Informationen versorgt werden - Auftragsdaten im weitesten Sinne. Insofern sind die Auftragsdaten ein weiterer Bestandteil des Arbeitssystems. Die Informationen werden über das Netzwerk verschickt, sie sollen abrufbar und aktualisierbar sein. Zu ihrer Verwaltung und Koordinierung werden die Auftragsdaten in einem Auftragsmodell abgebildet (siehe Bild 6-5).

Durch die Anwesenheit verschiedener Mitarbeiter bzw. auch durch deren Abwesenheit entsteht ein wechselndes Leistungsangebot. Die Änderung der Leistung wirkt sich auf andere Netzwerkteilnehmer aus und muß daher bei der Modellierung Berücksichtigung finden. Bei dem nach außen dargestellten Leistungsangebot handelt es sich um das vom Gesamtsystem bereitgestellte Potential. Es repräsentiert die Summe der Einzelleistungen der Aufgabenträger (Menschen und Maschinen) und gibt Aufschluß über die Einsatzfähigkeit des teilautomatisierten Arbeitsplatzes. Die Leistungen des Systems werden durch das Leistungsmodell repräsentiert (siehe Bild 6-5).

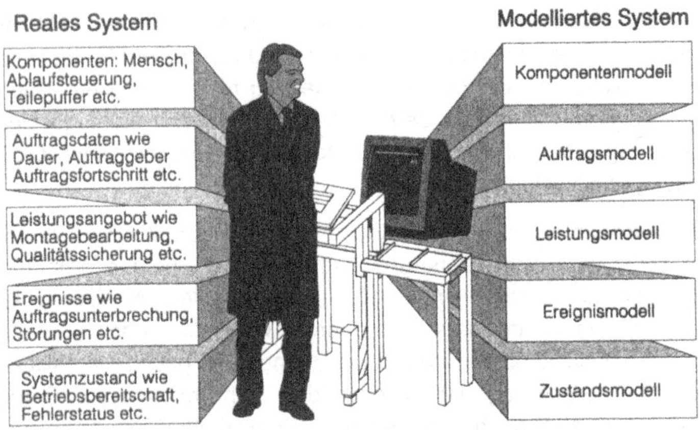

Bild 6-5: Abzubildende Elemente des teilautomatisierten Arbeitsplatzes

In der Betriebsphase sollen Ereignisse, wie Störungen oder das Beenden eines Auftrags, an andere Netzwerkteilnehmer weitergegeben werden. Auch das Anfordern zusätzlicher Informationen seitens der Mitarbeiter ist ein Vorgang, der zu jedem beliebigen Zeitpunkt möglich sein soll. Die Verhaltensweise beim Auftreten derartiger Ereignisse, das Umwandeln der Ereignisse in Meldungen und das Vorgehen beim Benachrichtigen anderer werden in einem Ereignismodell hinterlegt (siehe Bild 6-5).

Um anderen Netzwerkpartnern über die Einsatzfähigkeit des Systems Aufschluß zu geben, sollen dem Netzwerk die möglichen Zustände in Form eines Zustandsmodells verdeutlicht werden. Hierbei ist mit 'Zustand' der Gesamt- bzw. Systemzustand gemeint. Jeder Aufgabenträger hat wiederum ein eigenes Zustandsbild, welches Bestandteil des jeweiligen Einzelmodells ist und den Gesamtzustand

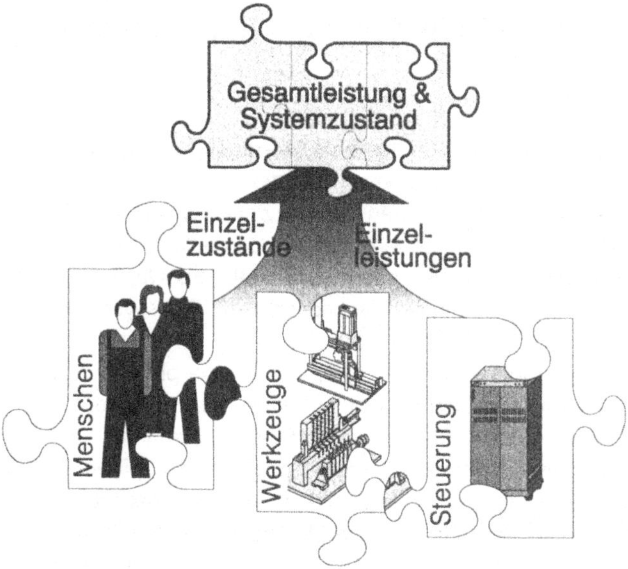

Bild 6-6: Systemzustand und Gesamtleistung als Kombination der Einzelzustände und Einzelleistungen der Aufgabenträger

mitbeeinflußt. Der Systemzustand gibt über die nach außen hin sichtbare Einsatzfähigkeit des kompletten Systems Aufschluß (Bild 6-6).

Zusammengefaßt ergibt die Gliederung des zu modellierenden Systems nach funktionalen Gesichtspunkten die physischen Aufgabenträger Mensch, Werkzeug und Steuerung, die unterschiedliche Leistungen anbieten. Letztere sind im Leistungsmodell abgebildet. Die Aufgaben, die die Aufgabenträger bearbeiten, werden in einem Auftragsmodell definiert. Die während der Bearbeitung auftretenden Begebenheiten werden durch ein Ereignis- und ein Zustandsmodell repräsentiert. In Bild 6-5 sind die Elemente zusammengefaßt, die bei der Modellierung des Menschen und seiner Arbeitsumgebung berücksichtigt werden.

Da die beschriebenen Elemente voneinander abhängen, sich gegenseitig beeinflussen und auch räumlich in enger Beziehung zueinander stehen, sollen sie in einem Gesamtmodell beschrieben werden. Die Schnittstelle, die das Arbeitssystem abbildet und die Verbindung zum Netzwerk ermöglicht, ist nicht Gegenstand des zu beschreibenden Systems, da sie keine produktionstechnischen Aufgaben erfüllt.

6.3 Abstraktion der Objekte zu einzelnen Bausteinen

Nach dem Bestimmen der Elemente, die modelliert werden sollen, gilt es im zweiten Schritt die Elemente zu einzelnen Objekten zu abstrahieren. Die abstrakten Objekte können dann im dritten Schritt in Datenstrukturen überführt und damit rechnertechnisch dargestellt werden. In diesem Abschnitt werden die Elemente des Modells als Objekte in funktionale Ebenen eingeordnet, um die Funktionen des Arbeitssystems abbilden zu können.

Im vorhergehenden Abschnitt (6.2) wurden die physischen und zumindest zeitweise stationären Komponenten des teilautomatisierten Arbeitsplatzes in die Aufgabenträger Mensch, Steuerung und Werkzeug unterteilt. Alle drei bieten Leistungen an, haben einen Zustand und können durch Daten charakterisiert werden, beispielsweise durch identifizierende Angaben. Diese kennzeichnenden Daten, das Zustandsbild und die bereitgestellten Leistungen werden bei der Modellierung als Merkmale der Komponenten berücksichtigt (Bild 6-7). Anzumerken ist, daß es sich bei dem hier vorgestellten Zustand um den des abstrakten Objekts handelt. Der Zustand der realen Komponente ist als Detail in den Datenstrukturen enthalten, die die Elemente spezifizieren (siehe Abschnitt 6.4.1.5).

Die zu einem Auftrag gehörenden Daten werden in einem eigenen Objekt abgebildet (Bild 6-7). Sie müssen kontinuierlich aktualisiert werden. Das Auftragsdatenobjekt wird durch einen Zustand beschrieben (beispielsweise 'unvollständig', wenn einzelne Informationen fehlen).

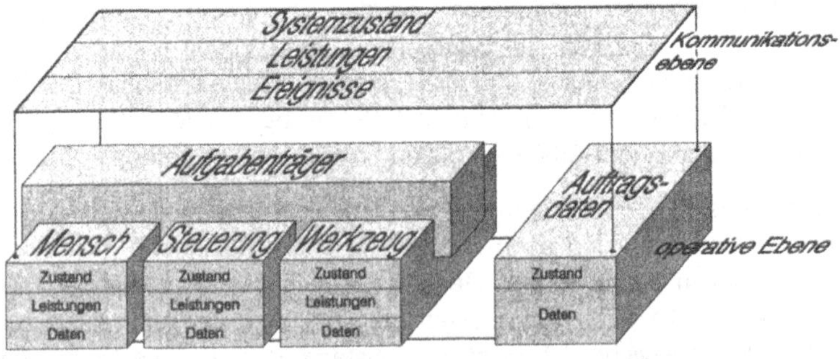

Bild 6-7: Abstraktion des in einzelne Elemente gegliederten Systems

Auftragsspezifische Daten, wie die Priorität oder der zeitliche Rahmen der Tätigkeit, kennzeichnen die Verrichtung und werden deswegen im Modell mit berücksichtigt. Die spezifizierenden Daten und der Zustand sind damit Attribute, die im Objekt Auftragsdaten abgebildet werden.

Zur Auftragsdurchführung werden einerseits ausführende Organe und andererseits Informationen benötigt. Der Mensch, die Steuerung und die Werkzeuge sind deswegen, zusammen mit den Auftragsdaten, die Bestandteile der operativen Ebene. Sie beeinflussen die vom Gesamtsystem angebotenen Leistungen, den Systemzustand und die Ereignismeldungen, die an andere Netzwerkteilnehmer weitergeleitet werden (Bild 6-7 auf S. 94). Das Leistungsmodell, das Systemzustandsmodell und das Ereignismodell haben dabei - im Gegensatz zu den operativen Elementen - kommunikativen Charakter. Das bedeutet, daß sie in der Betriebsphase die systembeschreibenden Aufgaben zur Netzwerkseite hin erfüllen. Lediglich bei der Konfiguration des Arbeitssystems, z.B. beim Einlasten eines neuen Auftrags oder beim Auslesen der Betriebsdaten, wird vom Netzwerk aus direkt auf die Daten der operativen Ebene zugegriffen. Das bisher entwickelte Modell kann, wie in Bild 6-7 dargestellt, in eine operative Ebene und eine Kommunikationsebene eingeteilt werden.

Die Aufgabenträger, welche die Aufträge ausführen, wie der Mensch oder die Steuerung, können erst mit der Arbeit beginnen, wenn die dazugehörigen Auftragsdaten zur Verfügung gestellt werden. Es wird ein organisatorisches Element benötigt, welches die Verbindung zwischen den Auftragsdaten und dem ausführenden Organ herstellt. Das Objekt, welches das Auftragsmanagement übernimmt, koordiniert datentechnisch die erforderlichen Ressourcen wie Mensch oder Werkzeug mit den Informationen des Auftrags. Dies bedeutet, daß dem Netzwerk ein Objekt bekanntgegeben wird, welches den Auftrag verkörpert. Es ist aber kein Objekt, das primär Kommunikationsfunktionen erfüllt, sondern es hat organisatorische Eigenschaften. Das Auftragsmanagement liegt damit funktional gesehen zwischen der Kommunikationsebene und der operativen Ebene (siehe Bild 6-8 auf der folgenden Seite). Hiermit wird ein drittes Niveau, die organisatorische Ebene, eingeführt.

Das auftragsverkörpernde Objekt hat einen Zustand (beispielsweise 'wartend', wenn der Auftrag in der Warteschlange eingereiht ist) und es enthält die Hinweise, welcher ausführende Aufgabenträger (Mensch, Werkzeug, Steuerung) mit welchen Daten an dem Auftrag beteiligt ist.

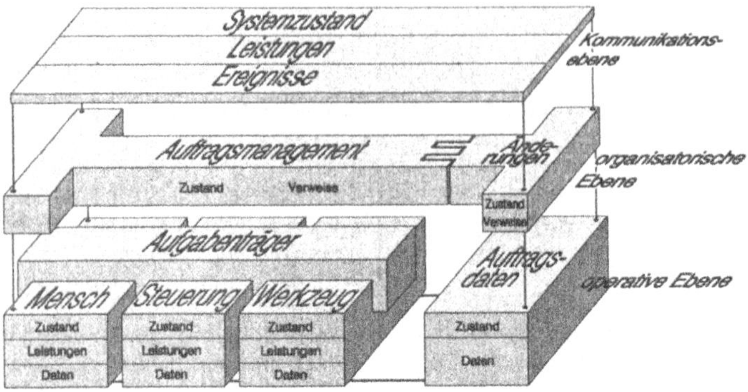

Bild 6-8: Aufbau der einzelnen Objekte nach funktionalen Gesichtspunkten

Der Zustand und die Verweise sind damit Attribute, die zum Objekt Auftragsmanagement gehören.

Die Auftragsdaten der operativen Ebene können von den Netzwerkpartnern nicht nur gelesen, sondern auch schreibend verändert werden. Beispielsweise werden bei Auftragsannahme Daten an das System geschickt (schreibender Zugriff). Nach diesem Schritt sollen die Auftragsdaten aber weiterhin verändert werden können. Für den Fall, daß vor Beginn oder während der Auftragsbearbeitung die Notwendigkeit besteht, einzelne Werte der Auftragsdaten wie die Losgröße zu korrigieren, muß eine Vereinbarung gefunden werden, die dieses dynamische Verändern der Daten ermöglicht. Das nachträgliche Verändern von Auftragsdaten soll nur mit dem Einverständnis der beteiligten Komponenten aus der operativen Ebene, insbesondere der Menschen, erlaubt sein.

Eine Möglichkeit für die dynamische Veränderung der Auftragsdaten ist das Abbrechen des aktuellen Auftrags, das Löschen des Datensatzes und das Versenden eines neuen Auftrags. Bei diesem Vorgang muß aber zum einen mit den Beteiligten über die Zulässigkeit verhandelt werden bzw. es muß zumindest eine Benachrichtigung erfolgen. Zum anderen muß der 'alte' Auftrag - wenn er bereits bearbeitet wurde - datentechnisch von der anfragenden bzw. verändernden Instanz weiterverarbeitet werden, da bereits produzierte Produkte mit spezifischen Auftragsnummern nicht gelöscht werden können.

Die zweite, bessere Möglichkeit zur Veränderung der Auftragsdaten ist die Einführung eines Objekts, welches Auftragsdaten dynamisch verändert. Hiermit können Datensätze bedarfsorientiert angepaßt werden. Zu den Aufgaben dieses sogenannten Änderungsmanagements gehört das Registrieren der Änderung, das interne Verhandeln und Entscheiden über die Erfüllung des Wunsches sowie das Verändern der aktuellen Auftragsdaten bei zulässiger Aktion. Das Änderungsmanagement hat damit organisatorische Eigenschaften. Es steht folglich auf der gleichen Stufe wie das Auftragsmanagement und beeinflußt primär die Auftragsdaten. Durch veränderte Auftragsdaten werden indirekt - über das Auftragsmanagement - auch die Aufgabenträger beeinflußt. In Bild 6-8 (S. 96) ist das Änderungsmanagement deswegen über den Auftragsdaten auf derselben Ebene wie das Auftragsmanagement dargestellt. Letzteres hat aber auch, unabhängig vom Änderungsmanagement, direkt Zugriff auf die Auftragsdaten.

Als Ergebnis liefert die Abstraktion der Arbeitsplatzelemente zum einen funktionserfüllende Objekte und zum anderen die Gliederung letzterer in drei Ebenen - die operative sowie die organisatorische Ebene und die Kommunikationsebene. Dies erlaubt es, die vom Arbeitssystem zu erfüllenden Funktionen logisch abzubilden. Zudem können die erforderlichen abzubildenden Merkmale der Objekte abgeleitet werden.

6.4 Datentechnische Modellierung des Mitarbeiters auf Produktionsebene

In den vorangegangenen Abschnitten 6.2 und 6.3 wurde das teilautomatisierte Arbeitssystem für die Modellbildung zum einen in seiner Ausdehnung eingegrenzt und zum anderen in einzelne Bausteine gegliedert. Im nächsten Schritt sollen die definierten Objekte mit ihren Attributen in eine datentechnische Struktur überführt werden. In Abschnitt 6.5 wird dann noch einmal speziell die Rolle des Menschen im Modell erläutert.
Wie eingangs dargelegt (Abschnitt 6.1), soll das abstrakte Datenmodell die Grundlage für eine 'virtuelle Maschine' (VMD) sein, die das reale System dem Netzwerk gegenüber logisch abbildet. Als Basis bzw. als Realisierungsumgebung wurde der Standard MMS (Manufacturing Message Specification nach ISO/IEC 9506) gewählt (siehe Abschnitt 5.3.8), da hiermit standardisiert und herstellerunabhängig eine umfangreiche Sprachenvereinbarung für die nachrichtenorientierte industrielle Kommunikation definiert wird (SCHWARZ 1991, S. 370). Zudem wird in der Spezifikation MMS eine Vorgehensweise für die Modellierung von

Netzwerkteilnehmern angegeben. Ergebnis einer nach der vorgeschlagenen Anleitung erfolgten Modellierung sind sogenannte Companion Standards, das sind Richtlinien für die Abbildung des Kommunikationsverhaltens einer Gerätegruppe. Bisher existieren Companion Standards - und damit Modelle zur datentechnischen Abbildung - für die Automatisierungsgruppen 'Robotics', 'Numerical Control' und 'Process Control' (FEMBACHER 1994, S. 259). Insofern wird im Rahmen dieser Arbeit auch ein Vorschlag für einen neuen Companion Standard zur Abbildung eines teilautomatisierten Arbeitssystems entwickelt. Detaillierte Ausführungen über Funktion und Inhalt von MMS sind bei SCHWARZ (1989 und 1991) und FRIEDERICH (1993, S. 153-171) zu finden.

In den folgenden Abschnitten werden zunächst die von MMS definierten Objektgruppen und die damit verbundenen Kommunikationsmöglichkeiten vorgestellt (Abschnitt 6.4.1). In den Abschnitten 6.4.1.1 bis 6.4.1.7 wird dann zum einen verdeutlicht, welche Funktionen mit den MMS-Objekten erfüllt werden können; zum anderen werden die in den vorangegangenen Abschnitten konzipierten Objekte mittels der MMS-Objekte zu einem Datenmodell mit abgebildeten Funktionen zusammengesetzt. In Abschnitt 6.4.2 wird das entwickelte Datenmodell in Form einer bildlichen Darstellung zusammengefaßt.

6.4.1 Modellbausteine zur Abbildung realer Elemente

Die Norm MMS (Manufacturing Message Specification nach ISO/IEC 9506-1, 1990) definiert zur Abbildung realer Gegenstände einen Satz von Objekten (Bild 6-9 auf der folgenden Seite), die über spezifische Dienste beeinflußt werden können; für die Interaktion mit anderen Objekten sind damit exakte Regeln definiert. Um einzelne Komponenten und deren Eigenschaften MMS-konform zu modellieren, werden die realen Komponenten in Form von MMS-Objekten abgebildet. Nicht alle der in Bild 6-9 dargestellten MMS-Objekte müssen bei der Modellierung Verwendung finden. Sie sind Bestandteile eines Baukastens, die bei Bedarf benutzt werden. Da zusätzlich zur Spezifikation noch weitere, anwenderspezifische Objekte zugelassen sind, werden die Objekte von der Norm lediglich in Klassen gegliedert (ISO/IEC 9506-1 1990, S. 25). Ausgehend von den Objektklassen können insgesamt neun Objektgruppen abgeleitet werden (DINKEL 1994, S. 21), wobei jede Gruppe einen definierten Aufgabenbereich abdeckt (siehe auch Bild 6-9).

Bild 6-9: Durch MMS definierte Objektgruppen (nach DINKEL 1994)

Durch die Dienste, die auf MMS-Objekte anwendbar sind, kann der Informationsfluß zwischen Netzwerkpartnern abgewickelt werden (Bild 6-10). Es besteht zum Beispiel die Möglichkeit, als Variablen definierte Objekte mit einem 'Schreibedienst' zu verändern oder deren aktuellen Wert über einen 'Lesedienst' abzufragen. Jedes MMS-Objekt kann statisch vordefiniert sein oder dynamisch während der Laufzeit entstehen.

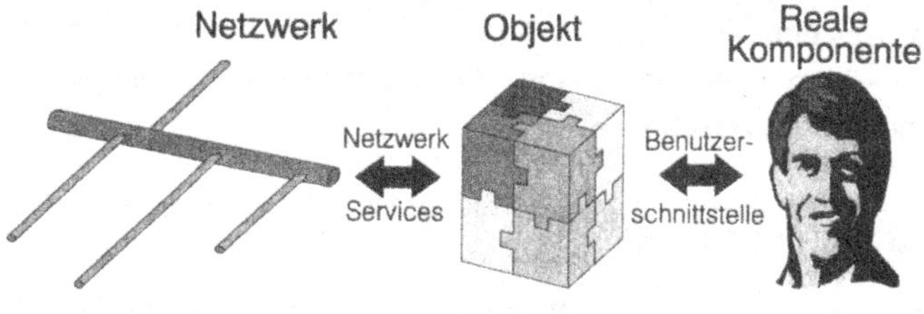

Bild 6-10: Kommunizieren mit Hilfe abstrakter Objekte

6.4.1.1 Verbindungsaufbau

Jeder Netzwerkteilnehmer benötigt zum Aufbau der Kommunikation, d.h. zum Aktivieren des Modells, die Unterstützung des Environment-Objekts. Hierbei handelt es sich um ein Paket von Instruktionen zur Initiierung, Etablierung und auch zur Aufkündigung der Verbindung. Erst wenn der Kontakt zum Netzwerk hergestellt und das Modell aktiv sind, ist die Grundvoraussetzung für die Kommunikation mittels der nach der Norm ISO/IEC 9506 spezifizierten Dienste geschaffen.

6.4.1.2 Identifikation des Modells

Die Teilnehmer in einem Netzwerk müssen ihre Identität bekanntgeben, um bidirektional kommunizieren zu können. Das VMD-Support-Objekt und die damit bereitgestellten Dienste ermöglichen dies. Es handelt sich dabei um Kommunikationsroutinen, die das Gesamtmodell betreffen, also das Abbild des zu beschreibenden Systems. Mittels der Dienste des VMD-Support-Objekts können beispielsweise der Zustand, die Identität und die angebotenen Leistungen des Gesamtmodells abgefragt werden. Es ist aber auch möglich, die Konstellation des Modells zu ermitteln, welches aus verschiedenen Einzelmodellen zusammengesetzt ist.

Die Leistung des Gesamtmodells ist eine Kombination der Fähigkeiten, die von den einzelnen Elementen zur Verfügung gestellt werden. Ebenso ist der Systemzustand des Modells die Konsequenz der Einzelzustände. Beim Systemzustand wird zwischen dem physischen und dem logischen Zustand unterschieden. Der physische Zustand resultiert aus realen Ereignissen (z.B. der Unterbrechung des Not-Aus-Kreislaufs); der logische Zustand folgt systematischen Gesetzmäßigkeiten (ein Programm kann nicht gestartet werden, wenn es bereits läuft). Sowohl das Environment- als auch das VMD-Support-Objekt unterstützen die in Bild 6-8 (S. 96) dargestellten Zustands- und Leistungsmodelle der Kommunikationsebene. Das dritte Element aus der Kommunikationsebene - das Ereignismodell - wird über ein eigenes Objekt mit eigenen Diensten angesprochen (siehe Abschnitt 6.4.1.6).

6.4.1.3 Informationsträger

Um reale Komponenten zu repräsentieren, werden Domain-Objekte eingesetzt. Als *Domain* wird ein Objekt bezeichnet, das beliebige zusammengehörige Daten enthält. Domain-Objekte sind eine Art

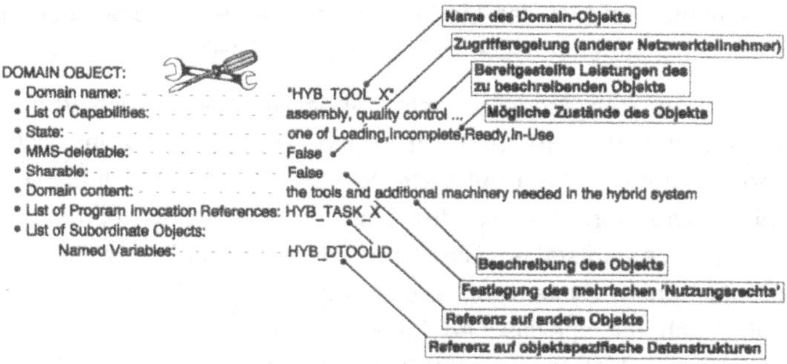

Bild 6-11: Die Struktur des Domain-Objekts (nach ISO/IEC 9506-1 1990, S. 55), am Beispiel des Domain-Objekts für die Werkzeuge

Speicherbereich oder 'Datencontainer'. Sie enthalten Informationen, die gängigerweise als Programmdaten oder Programmcode interpretiert werden. Domain-Objekte können aber auch das Gerüst für die Beschreibung realer Gegenstände bilden. In diesem Fall sind Domains Datenstrukturen, welche die Basisattribute der realen Komponenten enthalten. Das Domain-Objekt wird maßgeblich durch seinen Namen, seinen Zustand sowie durch die Beschreibung des zu repräsentierenden Elements und seiner Fähigkeiten charakterisiert (siehe Bild 6-11). Bei der Modellierung des Arbeitssystems werden Domain-Objekte eingesetzt, um die physischen Aufgabenträger Mensch, Werkzeug und Steuerung sowie die Auftragsdaten - d.h. die operative Ebene - abzubilden (Bild 6-12).

Die Spezifikation nach ISO/IEC 9506-1 (1990, S. 56) definiert für Domains die Zustände *Loading*, *Complete*, *Incomplete*, *Ready* und *In-Use* sowie neun Übergangszustände. Für die Beschreibung der Elemente aus der operativen Ebene des Arbeitssystems genügen die vier Zustände *Loading*, *Incomplete*, *Ready* und *In-Use*, da der *Complete*-Zustand laut Definition ISO/IEC 9506-1 (1990, S. 56) nahezu identisch ist mit dem

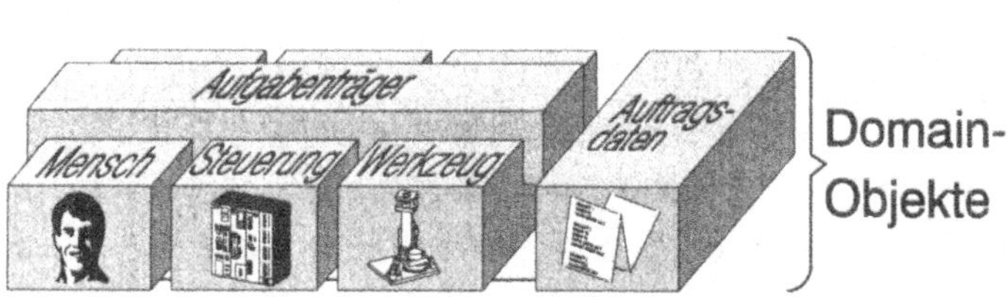

Bild 6-12: Abbildung der Elemente der operativen Ebene als Domain-Objekte

Ready-Zustand und da das Modell nicht der feinen Unterscheidung der neun Zwischenstufen (D1-D9, ISO/IEC 9506-1 1990, S. 57-58) bedarf.

Beim Starten des Modells, unter anderem beim Hochfahren des Rechners, der die Netzwerkverbindung aufbaut, wird lediglich die Steuerung (siehe Bild 6-4 auf Seite 90) des Arbeitssystems als Domain verankert. Die Domains, die den bzw. die Menschen repräsentieren, können jederzeit entstehen. Sie werden dann geschaffen, wenn sich ein Mitarbeiter beim System anmeldet. Zu diesem Zeitpunkt wird das Domain auch mit spezifischen Merkmalen belegt, z.B. mit dem vom Mitarbeiter zur Verfügung gestellten Leistungsumfang. Die Domains, welche die Werkzeuge bzw. Hilfsmittel zur Auftragsdurchführung beschreiben, entstehen dann, wenn letztere in den Einflußbereich des Arbeitssystems gelangen. Die Werkzeuge (Vorrichtungen und andere Betriebsmittel) werden als nichtstationäre Komponenten abgebildet, so daß sie - auch datentechnisch gesehen - an anderen Orten eingesetzt werden können. Die Auftragsdaten sind Objekte, die als nichtphysische Elemente vom und über das Netzwerk gehandhabt werden. Sie sind deswegen die einzigen Domains, die für das Versenden über das Netzwerk in Frage kommen.

6.4.1.4 Koordinierung von Prozessen

Ausführende Instanzen, wie ein Ablaufprogramm oder die Auftragsabwicklung, können über sogenannte Program-Invocation-Objekte abgebildet werden. Das Program-Invocation-Objekt entspricht einem virtuellen Prozeß, der Abläufe kontrolliert. Es wird im wesentlichen durch seinen Namen, seinen Zustand und durch den Verweis auf die genutzten Domains (Daten) beschrieben. Für die Modellierung des Arbeitssystems werden die Elemente der organisatorischen Ebene - das Auftragsmanagement und die dynamische Auftragsänderung - als Program-Invocation-Objekte abgebildet (siehe Bild 6-13). Beide sind aktive Prozesse, die

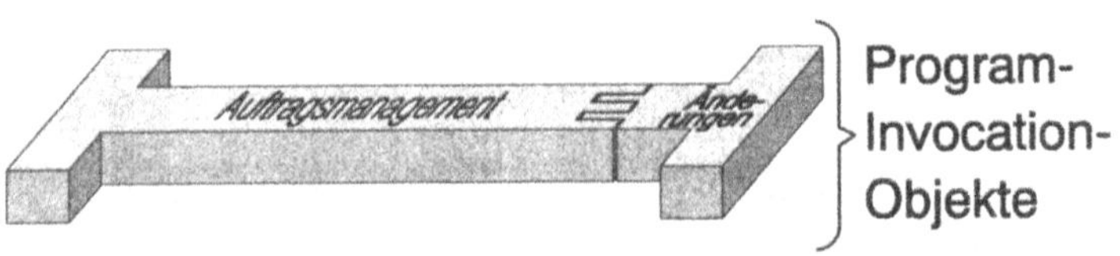

Bild 6-13: Abbildung der Komponenten der organisatorischen Ebene als Program-Invocation-Objekte

vom Netzwerk aus angesprochen werden können, um die aktuelle Entwicklung lokal - d.h. am Arbeitsplatz - zu beeinflussen. Das Auftragsmanagement ist das Objekt, welches die Information über den Zusammenhang zwischen Auftragsdaten und ausführenden Organen trägt und welches die Freigabe des Auftrags mit einer Start-Anweisung von einem der Netzwerkpartner signalisiert. Das Änderungsmanagement dagegen ist der Prozeß, der von einem Netzwerkteilnehmer her aktiviert wird, wenn die Auftragsdaten zwischenzeitlich geändert werden sollen. Es führt die Verhandlung über das Bewilligen des Anliegens.

Die Spezifikation nach ISO/IEC 9506-1 (1990, S. 80-81) definiert für Program-Invocation-Objekte die Zustände *Idle*, *Starting*, *Running*, *Stopping*, *Stopped*, *Resume*, *Resetting* und *Unrunnable*. Da es sich im vorliegenden Fall um Prozesse handelt, die nicht einen Ablauf steuern (beispielsweise ein NC-Programm), sondern lediglich die Auftragsabwicklung aktivieren, werden nur die Fähigkeiten der Program-Invocation-Objekte benötigt, die eine Aufforderung ermöglichen, z.B. das Starten und das Stoppen eines Prozesses. Dadurch reduziert sich die Anzahl der Zustände auf *Idle*, *Running* und *Stopped*. Zusätzlich zur Spezifikation (ISO/IEC 9506-1) wird noch der *Paused*-Zustand eingeführt. Dieser zeigt an, daß der laufende Prozeß unterbrochen wurde.

Der *Paused*-Zustand wird hinzugefügt, da das Unterbrechen der Arbeiten durch die im System tätigen Menschen mit den in der Norm festgelegten Begriffen nicht ausreichend beschrieben werden kann. Der *Paused*-Zustand ist damit ein Zustand, der durch eine lokale Aktion, z.B. durch das Abmelden eines Mitarbeiters bei Arbeitsende, ausgelöst wird. Der Auftrag bzw. das Program-Invocation-Objekt, das ihn repräsentiert, wird bei Wiederaufnahme abermals in den *Running*-Zustand versetzt.

Wie die Domain-Objekte können auch die Program-Invocation-Objekte statischer Natur sein oder dynamisch während der Laufzeit entstehen. Im vorliegenden Fall sind sowohl das Auftrags- als auch das Änderungsmanagement dynamische Prozesse, die nur bei Bedarf ins Leben gerufen werden. Insbesondere das Änderungsmanagement ist ein kurzlebiges Objekt, welches von einem Teilnehmer im Netzwerk initiiert wird, um die aktuellen Auftragsdaten zu ändern. Nach Abwicklung der internen Verhandlung über die Zulässigkeit der Anfrage endet der Prozeß und das Objekt verschwindet, gleich ob das Ergebnis für den Anfragenden positiv oder negativ verlaufen ist.

6.4.1.5 Handhabung veränderlicher Größen

Zur Handhabung expliziter Werten legt die Norm ISO/IEC 9506-1 (1990, S. 98ff) sowohl Variablen-Objekte als auch Dienste zu deren Veränderung fest. Unter *Variable* wird ein Element verstanden, welches Träger eines Zahlenwertes ist. Der Wert kann beim Lesen der Variable zur Verfügung gestellt und beim Schreiben der Variable verändert werden. Das Variablen-Objekt wird maßgeblich durch seinen Namen, seine Typendefinition (beispielsweise Gleitkommazahl) und durch seine Zugriffsberechtigung (beispielsweise nur-lesend) beschrieben.

Für die Abbildung des Arbeitssystems braucht man sowohl allgemeingültige, also das Gesamtmodell betreffende, als auch objektspezifische Variablen. Die objektspezifischen Variablen werden benötigt, um die Einzelmodelle Mensch, Steuerung, Werkzeuge und Auftragsdaten (Domain-Objekte) mit anwendungsspezifischen Werten belegen zu können. Die allgemeingültigen Variablen beschreiben das Gesamtmodell mit einer Datenstruktur, die detaillierte Auskunft über den Zustand des Arbeitssystems gibt.

Variablen können als einzelne Komponenten gehandhabt oder als Bestandteil einer Datenstruktur angesprochen werden. Für die Beschreibung des manuellen bzw. des teilautomatisierten Arbeitssystems werden der Übersichtlichkeit halber nur Variablen in Datenstrukturen verwendet. Auf diese Weise ist es auch möglich, zusammengehörige Daten wie die zustandsbeschreibenden Angaben mit nur einer Anweisung anzusprechen oder zu transferieren.

Die Datenstruktur, die das Gesamtmodell betrifft, enthält Variablen, welche über die Einsatzfähigkeit, den Auslastungszustand und den außerplanmäßigen Kommunikationsbedarf des Arbeitssystems Auskunft geben (siehe Bild 6-14). Letztere Variable ist eine Signalvariable, die ankündigt, daß z.B. die im Arbeitssystem tätigen Menschen zusätzliche Informationen für die Ausführung der Arbeiten benötigen. Die Variablen, die den Auslastungszustand spezifizieren, unterrichten über die Anzahl der

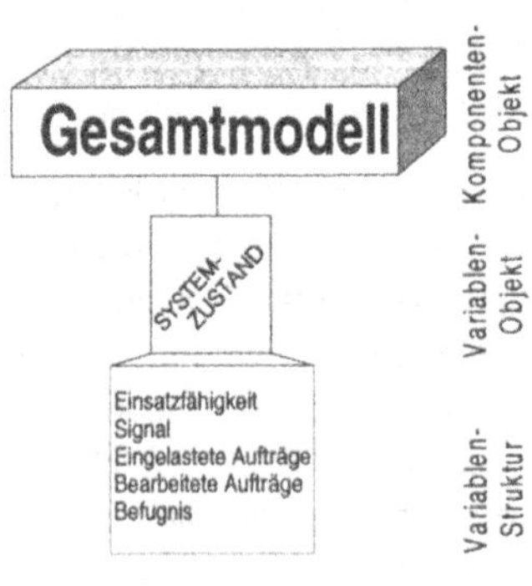

Bild 6-14: Datenstruktur mit Variablen, die das Gesamtmodell beschreiben

eingelasteten und der in Arbeit befindlichen Aufträge. Zudem gibt es eine Variable, die über die Entscheidungskompetenz bezüglich der Annahme und Änderung von Aufträgen Auskunft gibt. Dieser Wert wird benötigt, da das Arbeitssystem dynamisch ist. Wenn nur die Menschen über Art und Umfang ihrer Tätigkeiten bestimmen sollen, dann ist es beispielsweise sinnvoll, das Arbeitssystem in der mannlosen Nachtschicht mit weniger Entscheidungsbefugnis auszustatten (siehe Abschnitt 6.5.2).

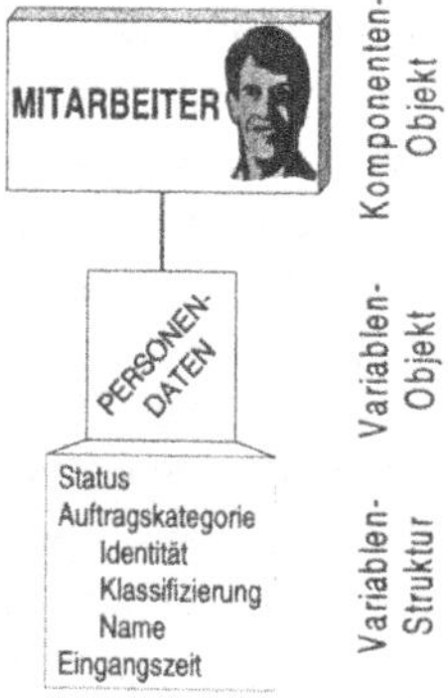

Bild 6-15: Datenstruktur mit Variablen, die das Mensch-Modell spezifizieren

Die zum Mensch-Modell gehörende Datenstruktur, d.h. die objektspezifischen Variablen, besteht aus Elementen, die Auskunft über die Identität und den Status des Menschen geben (siehe Bild 6-15). Die Angabe des Status der Mitarbeiter wird benötigt, um das individuelle Verhalten des Menschen dem technischen System gegenüber abbilden zu können. Während einer Pause soll beispielsweise die vorübergehende Nicht-Erreichbarkeit der Mitarbeiter transparent gemacht werden. Da der Mensch ein nichtstationäres Element im Arbeitssystem ist, wird die zeitliche Verweildauer in einer Variablen festgehalten. Diese Variable kann zusätzlich auch zur Arbeitszeiterfassung genutzt werden. Aufgrund arbeitsrechtlicher Aspekte soll dies allerdings eine individuelle Option sein, da es sich um personengebundene Daten handelt.

Die Datenstruktur, die das Werkzeug-Modell spezifiziert, besteht aus den gleichen Komponenten wie die des Mensch-Modells (siehe Bild 6-16). Die Variablen haben jedoch teilweise eine andere Bedeutung. Die Status-Variable charakterisiert beispielsweise die physische Funktionsfähigkeit des Werkzeugs. Das Mitschreiben der zeitlichen Verweildauer im System durch eine Variable wird zur Betriebsdatenerfassung der nichtstationären Komponente genutzt. Hierdurch kann im nachhinein die Historie des Werkzeugs rekonstruiert werden, z.B. die Zuordnung zu Kostenstellen.

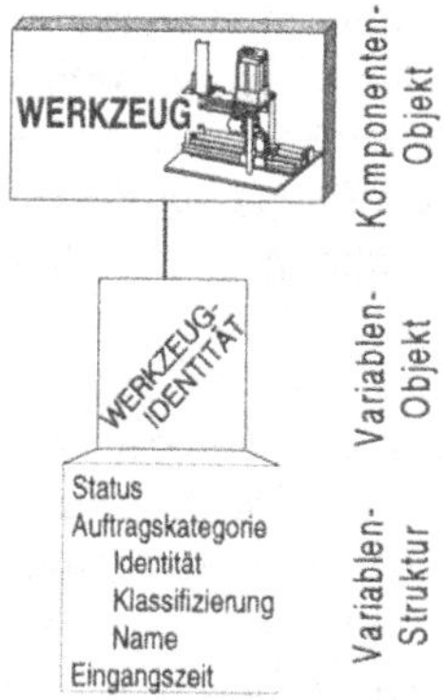

Bild 6-16: Spezifizierende Datenstruktur des Werkzeug-Modells

Wenn im Arbeitssystem eine Steuerung existiert, werden über die dazugehörige Datenstruktur mit den darin enthaltenen Variablen die Eigenschaften und der Zustand der Steuerung transparent gemacht (siehe Bild 6-17). Einerseits kann die Funktionsfähigkeit über die Statusvariable und andererseits die Identität bzw. der Steuerungstyp über die Identitätsvariablen abgefragt werden. Da es sich bei der Steuerung um eine stationäre Komponente des Arbeitssystems handelt, ist der Zeitpunkt des Zuordnens zum System nicht relevant. Er wird deswegen nicht abgebildet. Zusätzlich gibt es jedoch eine Variable, die darüber Auskunft erteilt, ob die Steuerung lokal vom Produktionspersonal genutzt wird oder ob sie von einem anderen System fernbedient wird, beispielsweise vom Leitsystem während der mannlosen Schicht.

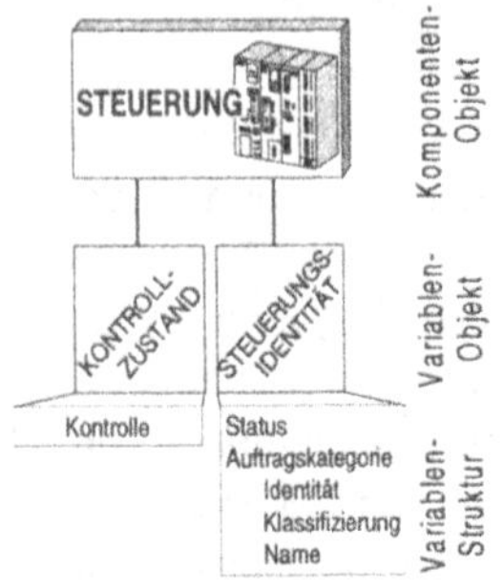

Bild 6-17: Datenstruktur mit Variablen, die das Modell der Steuerung spezifiziert

Neben den Einzelmodellen Mensch; Steuerung und Werkzeuge ist das Modell für die Auftragsdaten das vierte Objekt, welches mittels Variablen in einer Datenstruktur spezifiziert wird. Zur Beschreibung des Auftragsdaten-Modells werden zwei Datenstrukturen eingeführt. Die eine beschreibt die Eingangsdaten, und die andere spezifiziert die Ausgangs- bzw. Ergebnisdaten (siehe Bild 6-18).

Die Struktur, welche die Eingangsdaten charakterisiert, besteht aus Variablen, die die Priorität des Auftrags kennzeichnen, den Auftraggeber identifizieren und die Aufgabe kategorisieren (beispielsweise Montageauftrag, Wartungstätigkeit etc.). Zusätzlich werden die Losgröße des Auftrags und zeitliche Randbedingungen festgehalten. Zu den zeitlichen Parametern gehört der Zeitpunkt, an dem der Auftrag angenommen wurde (wann er dem System zugeordnet wurde), wieviel Zeit der Auftrag voraussichtlich in Anspruch nimmt und für wann

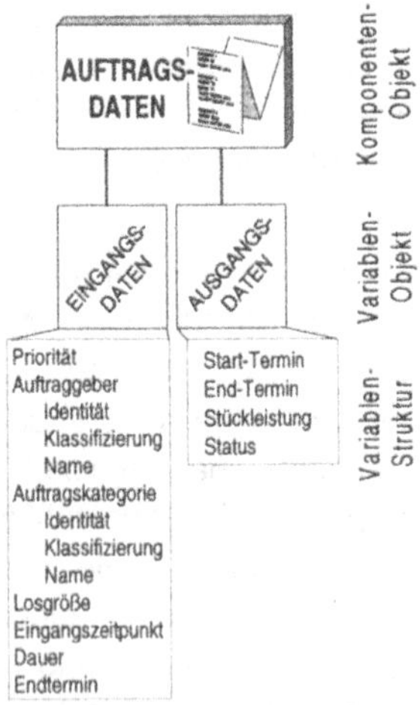

Bild 6-18: Datenstruktur, die das Modell der Auftragsdaten spezifiziert

der Auftrag als beendet terminiert wurde. Der in der Datenstruktur vermerkte Endtermin ist Ergebnis der Verhandlungen zwischen Auftraggeber und Auftragnehmer bei der Auftragsvergabe.
Als Ausgangsdaten werden der effektive Beginn- und Endtermin des Auftrags festgehalten. Eine Variable zählt bei Wiederholtätigkeiten (Losgröße > 1) die abgearbeitete Stückzahl und gibt damit Auskunft über den Auftragsfortschritt. Die Statusvariable bei den Ausgangsdaten beschreibt den Zustand des Auftrags bzw. den Erfolg oder Mißerfolg bei dessen Durchführung.

6.4.1.6 Modellierung von Ereignissen

Zum Registrieren von Ereignissen und zum Verteilen von Ereignismeldungen werden von der Norm ISO/IEC 9506-1 (1990, S. 179ff) Event-Objekte und -Dienste spezifiziert. In Zusammenhang mit der Modellierung des Arbeitssystems werden zu den Ereignissen die Begebenheiten gezählt, die das Gesamtsystem betreffen, z.B. das Unterbrechen des Not-Aus-Kreislaufs und der damit verbundene Zustandswechsel.

Das Event-Objekt wird im wesentlichen durch seinen Namen, seine Priorität und durch den Verweis auf die benötigten Objekte beschrieben. Mit dem Ereignismanagement können Vorkommnisse wie Fehler oder Alarme selbständig gemeldet werden, wobei das Handhaben von Ereignismeldungen in die Funktionen Erkennen, Melden und Reagieren unterteilt wird.

Für die Modellierung des Arbeitssystems werden vier Zustandswechsel als Ereignis abgebildet (Bild 6-19). Die vier modellierten und im folgenden vorgestellten Ereignisse sind die wichtigsten von einer Vielzahl möglicher Vorkommnisse.

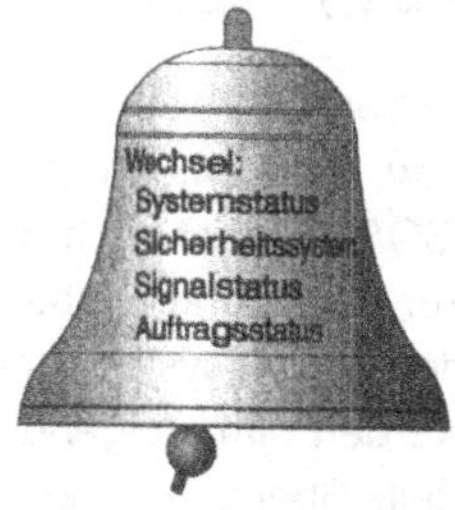

Bild 6-19: Modellierte Ereignisse

Das erste abgebildete Ereignis ermöglicht das Bekanntgeben eines Zustandswechsels - beispielsweise den Wechsel des Arbeitssystems vom ausführenden zu irgendeinem anderen Zustand. Ausgelöst wird das Ereignis durch die Veränderung des Wertes der Variablen, die den Zustand des Gesamtsystems beschreibt (siehe Abschnitt 6.4.1.5).

Zur Zustandsbeschreibung gehört auch die Abbildung des Sicherheitssystems. Eine Änderung des Sicherheitssystems bzw. des Not-Aus-Kreislaufs ist das zweite Ereignis, das über eine Meldung behandelt wird. Aus Sicherheitsgründen wird der Not-Aus-Kreislauf mit einer eigenen, hochpriorisierten Ereignismeldung ausgestattet.

Der außerplanmäßige Kommunikationsbedarf des Produktionspersonals ist das dritte Ereignis, welches im Rahmen der Modellierung des Arbeitssystems abgebildet wird. Auch hier ist die Änderung eines Variablenwertes der Auslöser für die Benachrichtigung. Außerplanmäßige Kommunikation findet dann statt, wenn die Mitarbeiter Bedarf an Informationsaustausch haben, der über das gängige Maß - wie Auftragsannahme, Auftragsbeginn und Auftragsbeendigung - hinausgeht. Dies ist der Fall, wenn während der Auftragsbearbeitung zusätzliche Informationen, wie beispielsweise Zeichnungen oder Arbeitspläne, angefordert werden. Insbesondere wenn die Meldung vom Produktionspersonal an ein 'mannloses' und damit u.U. nicht so flexibles (Leit-)System gesendet wird, muß letzteres in der Lage sein, die gewünschte Nachfrage entweder zu erfüllen oder weiterzuleiten.

Das vierte und letzte Ereignis, das in diesem Modell berücksichtigt werden soll, ist die Veränderung des Auftragsstatus. Es soll eine Meldung ausgelöst werden, wenn z.B. ein Auftrag vom Zustand *Running* in den Zustand *Stopped* wechselt. Die Verbindung zwischen dem realen Ereignis und der Benachrichtigung wird mittels der Variablen hergestellt, die Auskunft über die Anzahl der eingelasteten und der begonnenen Aufträge gibt (siehe Abschnitt 6.4.1.5). Aus den Änderungen der Variablen, die das Gesamtsystem betreffen, wird die Ereignis-Meldung dann an das Netzwerk generiert.

6.4.1.7 Weitere Objekte zum Modellieren realer Systeme

Neben den bisher verwendeten Objektgruppen *Environment*, *VMD-Support*, *Domain*, *Program-Invocation*, *Variable*, und *Event* stellt die Norm ISO/IEC 9506 noch die MMS-Objekte *Semaphore, Operator* und *Journal* zur Verfügung (siehe auch Bild 6-9 auf S. 99), die für die Modellierung des Arbeitssystems nicht eingesetzt werden. Der Vollständigkeit halber werden im folgenden kurz die verbleibenden MMS-Objekte, ihr Einflußbereich und der Grund verdeutlicht, warum sie für die Modellierung nicht verwendet werden.

Das Semaphore-Objekt ermöglicht die Zugriffsregelung mehrerer Prozesse auf nur begrenzt zur Verfügung stehende Ressourcen durch eine prioritätsgesteuerte Warteschlangenverarbeitung. Da im vorliegenden Fall die Entscheidungen von Menschen getroffen werden, benötigt das Modell keinen Semaphore-Mechanismus. Im mannlosen Betrieb entscheidet das Auftragsmanagement über die Zulässigkeit der Freigabe von im System befindlichen Betriebsmitteln (z.B. Werkzeuge).

Mit dem nach der Norm definierten Operator-Objekt sind lediglich zwei Dienste verbunden, welche die Ein- und Ausgabe von Text über die Bedienerkonsole der zu modellierenden Maschine ermöglichen. Da diese rudimentäre Kommunikationsmöglichkeit mit dem Produktionspersonal für den Bedarf des hier im Mittelpunkt stehenden Mitarbeiters nicht ausreicht, wird das Operator-Objekt nicht verwendet. Die Interaktion zwischen Mensch und System wird im Modell umfassend mit Hilfe der anderen Objekte abgebildet.

Mit dem Journal-Objekt können Betriebsdaten protokolliert und transferiert werden. Da die Aufzeichnung von Logbüchern für die primäre Funktionsfähigkeit des Arbeitssystems nicht erforderlich ist und da hier dessen Modellierung mit dem Schwerpunkt Mensch im Vordergrund steht, wird das Mitschreiben von Maschinendaten nicht implementiert.

6.4.2 Modell des abzubildenden Arbeitssystems

Die in den Abschnitten 6.4.1.1 bis 6.4.1.6 vorgestellten Objekte ermöglichen die Repräsentation der einzelnen Bestandteile des Arbeitssystems in einer nach außen, also zum Netzwerk hin, neutralen Form. Für die Netzwerkteilnehmer ist es damit kommunikationstechnisch unerheblich, ob sie mit einem Menschen oder einem anderen Ansprechpartner verbunden sind. In Bild 6-20 (auf der folgenden Seite) ist die neutrale Repräsentation des Arbeitssystems durch den äußeren Rahmen symbolisiert. Aus produktionstechnischer Sicht können Aufgaben an Ressourcen vergeben werden. Die Ressourcen haben spezifische Merkmale, auf die Einfluß genommen werden kann. Der Übergang der von außen kontaktierbaren Aufgaben, Ressourcen und Merkmale zu deren Bausteinen im Modell ist in Bild 6-20 auf der rechten Seite dargestellt.

Die drei in Abschnitt 6.3 eingeführten und in Bild 6-8 (S. 96) dargestellten Ebenen - die Kommunikationsebene, die organisatorische und die

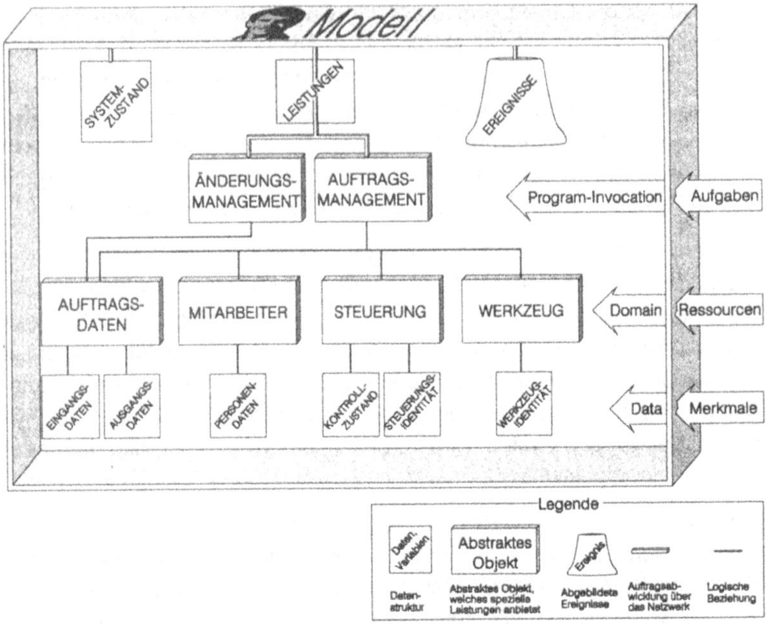

Bild 6-20: Modellhafte Darstellung des teilautomatisierten Arbeitssystems

operative Ebene - finden sich in Bild 6-20 wieder. Die oberste Strebe des Rahmens in Bild 6-20 entspricht den repräsentativen Funktionen der Kommunikationsebene mit der Darstellung des Systemzustands, der angebotenen Leistungen und der möglichen Ereignisse. Die in Bild 6-20 dargestellten Program-Invocation-Objekte entsprechen den Elementen Auftragsmanagement und Änderungsmanagement der organisatorischen Ebene (siehe auch Bild 6-8). Schließlich repräsentieren die in Bild 6-20 dargestellten Domain-Objekte mit ihren spezifizierenden Daten die Elemente Mitarbeiter, Werkzeug, Steuerung und Auftragsdaten der operativen Ebene aus Abschnitt 6.3.

In Bild 6-21 (auf der folgenden Seite) sind die einzelnen Teile des Modells aus programmiertechnischer Sicht veranschaulicht. Zusätzlich zur Darstellung in Bild 6-20 sind die möglichen Zustände der Domain- und Program-Invocation-Objekte (siehe auch 6.4.1.3 und 6.4.1.4) sowie der Aufbau der in Abschnitt 6.4.1.5 eingeführten Datenstrukturen abgebildet. Die verwendeten Bezeichnungen der Objekte entsprechen

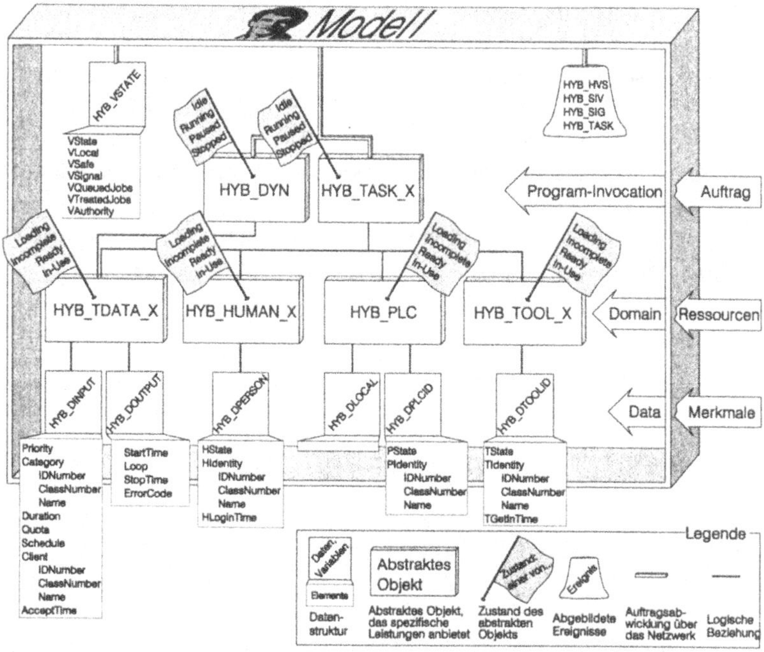

Bild 6-21: Programmiertechnische Darstellung der Modellkomponenten

programmiertechnischer Sprache. Die in Bild 6-21 gezeigten Datenstrukturen mit ihren Variablen treten in der Darstellung über die unterste Strebe des äußeren Rahmens aus dem Modell heraus, da andere Netzwerkteilnehmer über lesenden und schreibenden Zugriff direkten Zugang zu den Variablen haben.

Das modellierte Arbeitssystem ist aus zeitlich und räumlich nichtstationären Komponenten zusammengesetzt. Die Anzahl der beteiligten Menschen und Werkzeuge ist theoretisch unbegrenzt. Die am System angemeldeten Menschen können individuell unterschiedlich repräsentiert werden (siehe Abschnitt 6.5.1). Es ist auch möglich, daß mehrere Aufträge von verschiedenen Aufgabenträgern zeitparallel bearbeitet werden. Je nach Umfang der eingelasteten Tätigkeiten muß das Element Auftragsmanagement mehrmals existieren. Deswegen müssen die körperlichen Bestandteile Mensch, Werkzeug und Auftragsmanagement und die Prozesse, inklusive der Daten, die sie charakterisieren, im

Modell vielfach abgebildet werden können. Wie beschrieben, werden diese u.U. mehrfach vorhandenen Elemente durch Domain-Objekte (siehe Abschnitt 6.4.1.3) und Programm-Invocation-Objekte (siehe Abschnitt 6.4.1.4) repräsentiert, die von der Spezifikation ISO/IEC 9506-1 definiert werden. Beide Objekte können laut Norm jederzeit entstehen, so daß ein individuelles Hervorbringen und Ausscheiden der Elemente abgebildet werden kann.
Das Modell mit seiner zusätzlichen Dimension aufgrund des mehrfachen Vorhandenseins einzelner Objekte ist in Bild 6-22 dargestellt.

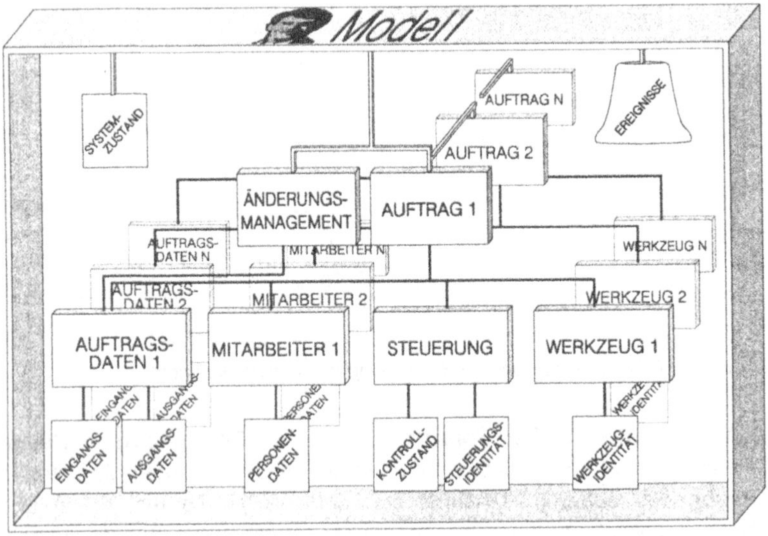

Bild 6-22: Die im Modell abgebildeten Objekte unter Berücksichtigung ihres mehrfachen Vorhandenseins

In diesem Abschnitt (6.4) wurden die Elemente des teilautomatisierten Arbeitssystems in eine datentechnische Struktur überführt. Hierfür wurden einzelne Objekte in Funktionsgruppen eingeteilt und mit Attributen belegt. Das damit realisierte abstrakte Datenmodell ist die Grundlage für eine virtuelle Maschine (VMD). Die virtuelle Maschine bildet das reale Arbeitssystem dem Netzwerk gegenüber logisch ab; sie ist die Schnittstelle und der Ansprechpartner für alle kommunikationstechnischen Belange.

6.5 Der Mensch in seiner Arbeitsumgebung als zu modellierendes Objekt

Bisher wurde das Arbeitssystem überwiegend aus datentechnischer Sicht, d.h. aus der Sicht des Netzwerks, betrachtet. Der von ISO/IEC 9506-1 spezifizierte Vorschlag für die Kommunikation zwischen den am Produktionsprozeß beteiligten Teilnehmern definiert vom Prinzip her ein hierarchisches System, welches auf der Rollenverteilung von *Client* und *Server* aufgebaut ist (FEMBACHER 1994, S. 147). Die Aufgabenträger auf der Produktionsebene (z.B. eine NC-Maschine, ein Roboter oder auch der Mensch) sind dabei die Befehlsempfänger (Server) der dienstanfordernden Nutzer (Client). Die Ansprüche an das individuelle und u.U. spontane Kommunikationsbedürfnis des Menschen sind mit einem derartigen Konzept zunächst einmal nicht abgedeckt.

Mit den technischen Kommunikationsmöglichkeiten wie dem Verschicken von Datenpaketen, dem Lesen und Schreiben von Variablen oder dem Behandeln von Ereignissen ist es jedoch möglich, die ursprünglich hierarchisch ausgelegte, industrielle Kommunikation für den individuelleren, personenbezogenen Nachrichtenaustausch zu nutzen. Man kann z.B. durch die Sequenz aus dem Versenden eines Datenpaketes durch Herunterladen (*Download*) und dem anschließenden Benachrichtigen durch Auslösen eines Ereignisses (*Event*) eine eher im Bürobereich angesiedelte Informationsübermittlung per Mailbox realisieren. Durch die adäquate Modellierung des Arbeitssystems können bidirektionale Interaktionsmöglichkeiten aufgebaut werden, die den Anforderungen menschlicher Kommunikation gerecht werden.

6.5.1 Der Mitarbeiter als individuelles Element im Modell

Im Zentrum des teilautomatisierten Arbeitssystems steht der Mensch, der gegenüber einer Maschine die Vorteile hat, daß er ein reaktionsfähiger Know-how-Träger ist und Problemlösungskompetenz besitzt. Um diese Potentiale zu nutzen und zu unterstützen, werden spezifische Eigenschaften der Mitarbeiter im Modell abgebildet. Die Art, wie dies erfolgt, wird im folgenden erläutert. Hierbei wird deutlich, welche Einflußmöglichkeiten der Mensch auf den Informationsaustausch mit technischen Geräten hat.

Die wichtigste Eigenschaft der Mitarbeiter, die vom produktionstechnischen Standpunkt her Individualität verdeutlicht, ist das persönliche Leistungsangebot. Der Mitarbeiter kann den Arbeitsplatz wechseln (z.B. Schichtdienst, Job-rotation etc.), wodurch auch seine persönlichen Fähigkeiten wechseln. Daraus ergibt sich die Frage, ob der Mensch als Person - d.h. als isoliertes Individuum - modelliert werden soll, oder ob er durch Aufgaben und Funktionen beschrieben wird, die er an einem spezifischen Arbeitsplatz erfüllt. Im ersten Fall wird der Mensch mit seinen persönlichen Fähigkeiten und der damit verbundenen Qualifikation abgebildet, im zweiten Fall der Arbeitsplatz, an dem er tätig ist - also letztendlich das technische System. Da der Mitarbeiter auf Produktionsebene beschrieben werden soll, steht die Funktionserfüllung im Vordergrund, die jedoch wiederum von den Eigenschaften der anwesenden Individuen abhängt. Deswegen wird eine dynamische Modellierung vorgenommen. Das heißt, daß als Basis die Funktionen des Arbeitsplatzes modelliert werden, die je nach anwesenden Personen unterschiedlich erfüllbar sind. Konkret stellt die Station im mannlosen Betrieb gewisse rudimentäre Kommunikationsmöglichkeiten und Funktionen zur Verfügung, wie das Informieren über den aktuellen Zustand. Mit dem Anmelden eines Mitarbeiters werden dann dynamisch zusätzliche Eigenschaften erschlossen, wobei diese von Mensch zu Mensch unterschiedlich sein können - je nach Qualifizierung oder Kompetenz.

Bei der Umsetzung der dynamischen Modellierung sind wiederum zwei Möglichkeiten denkbar. Im ersten Fall bekommt die Station durch das Anmelden eines bestimmten Mitarbeiters eine festgelegte, mitarbeiterspezifische Befähigung. Im zweiten Fall kann der Mitarbeiter beim 'Einloggen' den Umfang der von ihm bereitgestellten Leistungen selber bestimmen, indem er einzelne Tätigkeitsfelder markiert (siehe Bild 6-23). Um die

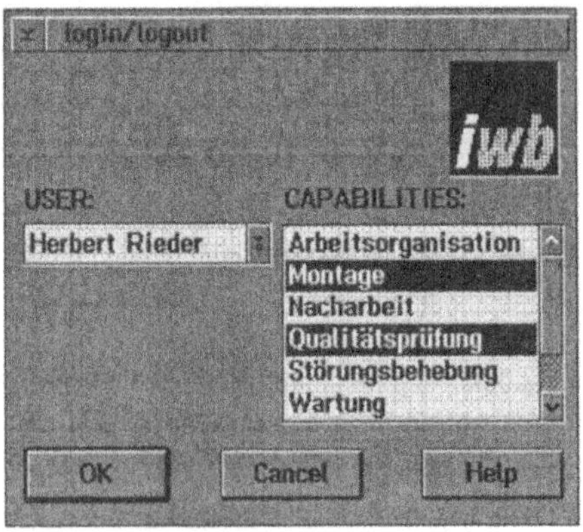

Bild 6-23: Individuelles Ausstatten der Arbeitsstation mit 'Fähigkeiten' mittels Benutzeranmeldung

Kompetenz auf die operative Ebene zu verlagern und die Selbstorganisation zu fördern, unterstützt das Modell die individuelle Konfiguration von Arbeitskraft und Arbeitsleistung der zweiten Möglichkeit. Ein weiterer Vorteil, der sich aus dem individuellen Abbilden der Mitarbeiter ergibt, ist die Tatsache, daß sich das Modell damit sowohl als Basisstation für eine Arbeitsgruppe als auch als Stützpunkt für einzelne, eigenverantwortlich arbeitende Menschen eignet. Die Leistungen, die das Produktionspersonal zur Verfügung stellt, und dessen Entscheidungskompetenz werden den anderen Netzwerkteilnehmern über den geschilderten Mechanismus des Anmeldens transparent gemacht (siehe auch Abschnitt 6.5.2).

Eine weitere individuelle Eigenschaft der Mitarbeiter ist das spezifische Kommunikationsverhalten. Dem im Gegensatz zu Maschinen variablen Kommunikationsbedarf der Menschen wird im Modell Rechnung getragen, indem die Möglichkeit besteht, jederzeit Ereignisse zu erzeugen. Die im System tätigen Menschen können eine Ereignismeldung auslösen, die dem Netzwerkpartner mitteilt, daß eine individuell gestaltete Nachricht vorliegt. Letztere kann dann zur Interpretation 'heraufgeladen' werden. Damit ist es beispielsweise möglich, daß ein Mitarbeiter zusätzliche Informationen über die Ausführung eines Auftrags anfordert.

Die Individualität des Menschen wird auch dadurch ausgedrückt, daß er ein nichtstationärer Bestandteil im Produktionsverbund ist. Zum einen sind die Mitarbeiter u.U. nicht kontinuierlich am Arbeitsplatz anwesend, wenn sie beispielsweise den Auftrag haben, eine Störung in einem anderen Arbeitsbereich zu beheben. Zum anderen haben sie eine begrenzte Arbeitszeit. Da die Kommunikationsfunktionen maßgeblich von den Mitarbeitern beeinflußt werden, muß den anderen Netzwerkteilnehmern der Anwesenheitsstatus mitgeteilt werden. Bei der Modellierung des Arbeitssystems wird die Möglichkeit zum 'Ein-' bzw. 'Ausloggen' implementiert, um die An- bzw. Abwesenheit der Mitarbeiter transparent zu machen. Das An- und Abmelden verändert steuerungsintern den Status der Arbeitsstation; er wechselt beim Abmelden von *Operational* zu *Partially-Operational*. Teilweise einsatzfähig ist die Station deswegen, weil erstens rudimentäre Kommunikatikationsfunktionen (das Abfragen des Systemstatus) erhalten bleiben und die Station zweitens einzelne Arbeitsinhalte auch im mannlosen Betrieb durchführen kann.

6.5.2 Der Einfluß der Menschen im Modell

Das entwickelte Modell des Arbeitssystems, welches aus Menschen und technischen Komponenten besteht, wurde in drei Ebenen gegliedert (siehe auch Bild 6-8 auf S. 96). Explizit wird der Mensch im datentechnischen Modell lediglich als ein Element der operativen Ebene abgebildet. Der Mensch hat jedoch die Möglichkeit, die Abläufe der beiden anderen Ebenen - der organisatorischen Ebene und der Kommunikationsebene - zu beeinflussen. Wie dies möglich ist, wird im folgenden dargelegt.

Direkten Einfluß auf ihre Umgebung üben die Menschen über die Objekte der organisatorischen Ebene aus, das Auftragsmanagement und das Änderungsmanagement (siehe auch Bild 6-24 auf der folgenden Seite). Beide Elemente sind für andere Netzwerkteilnehmer die Ansprechpartner bei der Vergabe und gegebenenfalls beim Ändern von Aufträgen. Die Entscheidungen über das Annehmen, Ablehnen und Verändern von Aufträgen werden jedoch letztendlich von den anwesenden Menschen getroffen. Der Einflußbereich der Mitarbeiter im Modell durch die Objekte der organisatorischen Ebene wird anhand von zwei Beispielen erklärt.

Der erste Sachverhalt, anhand dessen die Einflußnahme des Menschen im Modell verdeutlicht wird, ist die Auftragsvergabe. Durch das Verschicken der Auftragsdaten werden dem Arbeitssystem von einem Netzwerkteilnehmer Aufträge bekanntgemacht, die bearbeitet werden sollen. Das Ablegen der Daten im System löst lokal den Entscheidungsfindungsprozeß bezüglich der Annahme des Auftrags aus, indem die Angaben, die den Auftrag spezifizieren, dem Produktionspersonal über eine Meldung vorgestellt werden. Zu den Auftragsdaten (Domain-Objekte) gehört die in Abschnitt 6.4.1.5 erläuterte Datenstruktur, die u.a. über Art, Umfang und terminliche Randbedingungen Auskunft gibt.

Drei Reaktionsmöglichkeiten sind daraufhin möglich: Die Mitarbeiter akzeptieren die Anforderungen sofort, der Auftrag wird prinzipiell abgelehnt, oder die Verhandlung über die Veränderung einzelner Parameter beginnt. Im Fall des Akzeptierens wird das Objekt Auftragsmanagement gebildet, welches für die Dauer der Auftragsabwicklung dem Netzwerk gegenüber den Auftrag repräsentiert. Für den Fall, daß Änderungen bei den Auftragskonditionen (z.B. zeitliche Dauer) gewünscht werden, wird die Modifikation von den Mitarbeitern in die Auftragsdaten eingetragen. Anschließend wird vom System eine Ereignismeldung erzeugt, die dem Netzwerkpartner bekanntgibt, daß die Daten abgeholt werden können. Der Netzwerkpartner, beispielsweise das Leitsystem, kann daraufhin entscheiden, ob die Änderungen akzeptiert werden oder ob ein neuer Vorschlag unterbreitet wird. Diesen Prozeß führt man so lange fort, bis der Auftrag angenommen oder abgelehnt wird. Eine Ablehnung wird in der Statusvariablen vermerkt, die zur auftragsspezifischen Datenstruktur gehört.

Nachdem der Auftrag akzeptiert wurde und die Auftragsdaten vollständig vorliegen (gekennzeichnet durch den *Ready*-Status des entsprechenden Daten-Objekts), wird vom Netzwerkpartner das Objekt Auftragsmanagement erzeugt, das für den weiteren Verlauf den Auftrag repräsentiert. Der Initiator im Netzwerk (z.B. das Leitsystem) gibt durch den auf das gebildete Objekt anwendbaren Startbefehl den Auftrag frei. Ab diesem Zeitpunkt kann der Auftragsbeginn lokal vom Produktionspersonal ausgelöst werden; hierbei wechselt der Zustand des Objekts Auftragsmanagement von *Idle* zu *Running*. Das Auftragsmanagement beansprucht im Bedarfsfall auch die Komponenten Steuerung und Werkzeug, so daß der Mensch diese Elemente über das Auftragsmanagement beeinflußt (siehe auch Bild 6-24).

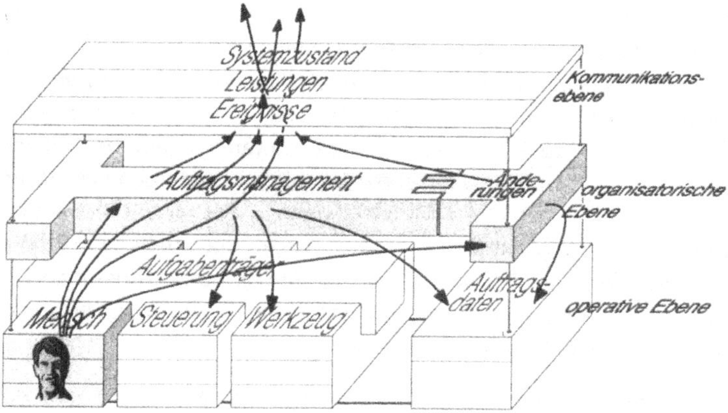

Bild 6-24: Der Einfluß des Menschen im Modell

Von lokaler Seite, also vom Produktionspersonal, kann der einmal begonnene Prozeß jederzeit unterbrochen werden, beispielsweise bei

Arbeitszeitende. Der Zustand des Objekts Auftragsmanagement, welches für die Netzwerkpartner den Auftrag verkörpert, wechselt dabei von *Running* zu *Paused*.

Neben der Auftragsvergabe ist die Auftragsänderung ein weiterer Vorgang, der auf der organisatorischen Ebene abgewickelt wird. Auch hier beeinflussen die Mitarbeiter maßgeblich das Geschehen. Im folgenden wird der Vorgang einer Auftragsänderung und die Rolle der Mitarbeiter hierbei erläutert, um den Einflußbereich des Menschen im Modell anhand eines zweiten Beispiels zu verdeutlichen.

Während der Auftragsabwicklung können vom Netzwerk her Modifikationen wie eine Unterbrechung oder Änderung der Auftragsdaten (z.B. Losgröße) gewünscht werden. Im System wird dann das Objekt Änderungsmanagement erzeugt. Wie beim Objekt Auftragsmanagement handelt es sich hierbei um ein Program-Invocation-Objekt, welches einen Prozeß verkörpert und auf lokale Vorgänge Einfluß nehmen kann. In diesem Fall geht es darum, daß der Initiator im Netzwerk und das Produktionspersonal sich über das Verändern der auftragsspezifischen Daten einigen, z.B. über das nachträgliche Modifizieren der Losgröße.

Technisch gesehen wird die Auftragsänderung ähnlich wie die Auftragsvergabe abgewickelt. Die Informationen, welche Auftragsdaten auf welche Art verändert werden sollen, gelangen durch Verschicken eines Domain-Objekts an den Arbeitsplatz. Dieser Vorgang löst eine Benachrichtigung aus, die dem Produktionspersonal Art und Inhalt der Änderungen bekanntmacht. Die Mitarbeiter können mit Akzeptieren, Ablehnen oder einem Vorschlag zum Abwandeln auf das Anliegen reagieren. Nach dem Akzeptieren bzw. dem abgeschlossenen Einigungsprozeß wird vom Netzwerkpartner das ausführende Objekt Änderungsmanagement im System gebildet und gestartet (Program-Invocation-Objekt). Es ist dafür zuständig, die Änderungen der betroffenen Objekte und deren Daten gemäß der Vorgaben vorzunehmen (siehe auch Bild 6-24 auf der vorherigen Seite).

Außer über die organisatorische Ebene üben die Menschen auch durch die Kommunikationsebene Einfluß auf ihre Umgebung aus. Letztere hat gegenüber den anderen Netzwerkteilnehmern repräsentative Funktionen. Über sie werden der Systemzustand, die Leistungen und die Ereignismeldungen des Arbeitssystems an andere Netzwerkteilnehmer weitergegeben. Der Systemzustand und das nach außen bekanntgegebene Leistungsangebot werden maßgeblich durch die Menschen beeinflußt. Auch ist eine der vier abgebildeten Ereignismeldungen für die Mitarbeiter reserviert (siehe auch Abschnitt 6.4.1.6). Ein Teil der Informationen, die über die Kommunikationsebene weitergegeben werden, werden also von den Mitarbeitern ausgelöst und beeinflußt. Der Mensch bestimmt damit über die Funktionen der Kommunikationsebene das kommunikationstechnische Geschehen des Arbeitssystems (siehe auch Bild 6-24 auf S. 117).

Ein weiteres Beispiel, das den Einfluß der Mitarbeiter im Modell verdeutlicht und das über die Kommunikationsebene abgewickelt wird, ist die Vergabe von Entscheidungsbefugnis. Die geschilderten Vorgänge der Auftragseinlastung, -bearbeitung und -veränderung sollen in begrenztem Umfang im mannlosen Betrieb durchgeführt werden können. Hierdurch kann das System, wenn es mit ausreichend Befugnis ausgestattet ist, über die Zulässigkeit des Einlastens und des Veränderns von Aufträgen entscheiden. Das Ausmaß der Befugnis wird dabei vom Produktionspersonal festgelegt. Das System soll z.B. im mannlosen Betrieb keinen Auftrag annehmen, der die Produktionsstation bis in die Beschäftigungszeit der Mitarbeiter belegt, es sei denn, das System wird zuvor von den Mitarbeitern mit einer entsprechenden Vollmacht ausgestattet.

Die Vergabe der Entscheidungsbefugnis ist ein lokaler Prozeß, der dem Netzwerk gegenüber nicht transparent gemacht wird. Dem Netzwerk wird lediglich das Ergebnis der Kompetenzvergabe bekanntgegeben, d.h. der Grad der Weisungsbefugnis (siehe auch Abschnitt 6.4.1.5). Die Kenntnis über das Vorhandensein von Entscheidungskompetenz und die Zusammensetzung der weisungsbefugten Aufgabenträger ist im Arbeitssystem abrufbar. Ansprechpartner oder Verhandlungspartner für alle Interaktionen ist das Gesamtmodell, welches aus der Summe der Objekte besteht.

In diesem Abschnitt (6.5) wurde zum einen verdeutlicht, daß der Mensch als individuelles Element im Modell berücksichtigt wird. Zum anderen wurden die Möglichkeiten gezeigt, die die Mitarbeiter zur Beeinflussung ihrer aus technischen Geräten bestehenden Umgebung haben. Durch adäquate Modellierung des Arbeitssystems können bidirektionale Interaktionsmöglichkeiten aufgebaut werden, die den Ansprüchen menschlicher Kommunikation Rechnung tragen.

6.6 Zusammenfassung des Systementwurfs

In Kapitel 6 wurde im ersten Abschnitt (6.1) das Vorgehen zur Integration des Produktionspersonals in die bereichsvernetzende Informationstechnik vorgestellt. Das Konzept sieht vor, die Verbindung des Menschen auf Produktionsebene mit dem Datenverbund derart zu realisieren, daß die Mitarbeiter, ebenso wie andere Teilnehmer des Datennetzes, auf Basis existierender, industriell eingesetzter Methoden und Standards als abstraktes Modell abgebildet werden. Das Abbild der realen Komponente ist dann der standardisierte Ansprechpartner für alle Netzwerkteilnehmer und für alle kommunikationstechnischen Vorgänge.

Damit sind verschiedene automatisierte Betriebsmittel, das Leitsystem und der Mensch selbst Teilnehmer in einem homogenen Datennetz, in dem alle die gleiche Sprache sprechen. Um dies zu ermöglichen, wurde in einem ersten Schritt (6.2) das Arbeitssystem definiert und in seiner Ausdehnung festgelegt. In einem zweiten Schritt (6.3) wurden die zu modellierenden Bestandteile abstrahiert, so daß sie als einzelne Objekte in einem Funktionsmodell beschreibbar sind. In einem dritten Schritt (6.4) wurden die Objekte in eine datentechnische Struktur überführt. Hierfür wurden die einzelnen Objekte in Funktionsgruppen eingeteilt und mit Attributen belegt. Das damit realisierte abstrakte Datenmodell ist die Grundlage für eine virtuelle Maschine (VMD). Die virtuelle Maschine bildet das reale Arbeitssystem dem Netzwerk gegenüber logisch ab; sie ist der Ansprechpartner für alle kommunikationstechnischen Belange.

Da bei der Modellierung des Arbeitssystems die Mitarbeiter im Vordergrund stehen, wurde zusätzlich erläutert (6.5) wie der Mensch als individuelles Element mit seinen Eigenschaften im Modell berücksichtigt wird. Durch Abbilden von Entscheidungsprozessen können die Mitarbeiter Einfluß auf ihre Umgebung ausüben. Sie sind damit die Entscheidungsträger, die die Auftragsbearbeitung bestimmen.

Ergebnis der Modellbildung sind bidirektionale Interaktionsmöglichkeiten zwischen technischen Geräten und dem Produktionspersonal, die den Ansprüchen menschlicher Kommunikation Rechnung tragen.

7 Prototypenhafte Realisierung der informationstechnischen Integration von Mitarbeitern

7.1 Zielsetzung bei der Realisierung einer Beispielapplikation

In diesem Kapitel wird die prototypenhafte Umsetzung der informationstechnischen Integration des Produktionspersonals anhand einer Beispielapplikation gezeigt. Zur Realisierung der direkten Beteiligung der Mitarbeiter am betrieblichen Informationsfluß gehören die technische Vernetzung der Menschen mit einem Verbund von Maschinen und Instanzen zur Aufgabenverteilung sowie das Bereitstellen eines Funktionspakets in Form eines rechnerbasierten Arbeitsplatzsystems. Letzteres Werkzeug unterstützt die Mitarbeiter bei der Erfüllung ihrer Aufgaben, sowohl bei der Abwicklung der Kommunikationsvorgänge als auch bei der Bearbeitung technischer Prozesse.

Es wird gezeigt, in welcher Form direkt produktive Mitarbeiter unmittelbar am vernetzten Informationsaustausch auf Produktionsebene beteiligt werden können. Zudem wird anhand eines Beispielszenarios die Erweiterung des Tätigkeitsfelds des Mitarbeiters erläutert, die durch dessen Integration in den konsistenten, durchgängigen Datenfluß entsteht.

7.2 Produktionsumgebung für die informationstechnische Integration des Produktionspersonals

Die Beispielumgebung, in der zwei teilautomatisierte Arbeitsplätze im Verbund mit Roboterzellen arbeiten, ist ein System zur Erprobung neuer Konzepte für die flexible Montage von Kleingeräten. Das Montagesystem umfaßt die Produktionsschritte Einzelteilelagerung, Kommissionierung, Teiletransport, Montage, Qualitätsprüfung und Fertigteilelagerung (siehe

Bild 7-1: Beispielumgebung, in der die informationstechnische Integration der Mitarbeiter auf der Produktionsebene umgesetzt ist

Bild 7-1). Der Mensch ist an den Prozessen beteiligt, die einerseits aus technischen bzw. wirtschaftlichen Gründen nicht sinnvoll automatisiert werden können und die andererseits spezielles Know-how erfordern. Zu den Tätigkeiten, die besondere Kenntnisse erforderlich machen, gehören beispielsweise die Störungsbehebung und Nacharbeit.

An einem der beiden Arbeitsplätze werden hauptsächlich Kommissioniertätigkeiten durchgeführt. An dem anderen werden überwiegend Montageprozesse und Nacharbeit verrichtet. Beide Arbeitsplätze können aufgrund der datentechnischen Anbindung sehr schnell mit spezifischen Informationen versorgt werden, so daß ihr Wirkungskreis nicht auf ihre ursprüngliche, begrenzte Funktionserfüllung beschränkt bleibt. Insofern können je nach Qualifikation der anwesenden Mitarbeiter beide Arbeitssysteme reaktionsschnell und flexibel verschiedenartige Aufträge bearbeiten.

Sowohl die teilautomatisierten als auch die automatischen Zellen sind über ein Ethernet-Netzwerk miteinander und mit dem Koordinierungssystem verbunden. Das Koordinierungssystem ist eine Komponente der Auftragsleitebene. Von hier aus werden Aufträge an die Produktionseinheiten vergeben und deren Zustände abgefragt. Alle Komponenten tauschen durch den in der Norm MMS (Manufacturing Message Specification nach ISO/IEC 9506) spezifizierten Sprachumfang Nachrichten aus. Für den Kommunikationsvorgang ist damit die Beschaffenheit des Ansprechpartners unerheblich. Der so realisierte homogene Produktions- und Datenverbund ist die Voraussetzung dafür, daß die Mitarbeiter Tätigkeiten entsprechend ihrem Potential ausüben können.

Die gewerblichen Mitarbeiter verwenden ein rechnerbasiertes Arbeitsplatzsystem, um mit den anderen Netzwerkteilnehmern zu kommunizieren. Das Arbeitsplatzsystem ist aber auch ein Werkzeug, welches einerseits technische und andererseits kommunikative Prozesse visualisiert. Zudem ist es ein Steuerinstrument, mit dem man die lokale Umgebung beeinflussen kann. Das Arbeitsplatzsystem wird im nächsten Abschnitt vorgestellt.

7.3 Aufbau des Arbeitsplatzsystems

Das Arbeitsplatzsystem besteht aus drei Haupteinheiten, die unterschiedliche Funktionen erfüllen (Bild 7-2). Das erste Modul ermöglicht die datentechnische Ankopplung zum Netzwerk, das zweite ist das Kommunikationsinstrument, und das dritte erlaubt als Steuereinheit die Beeinflussung der lokalen Umgebung des Arbeitsplatzes. Die drei Module können unabhängig voneinander eingesetzt werden.

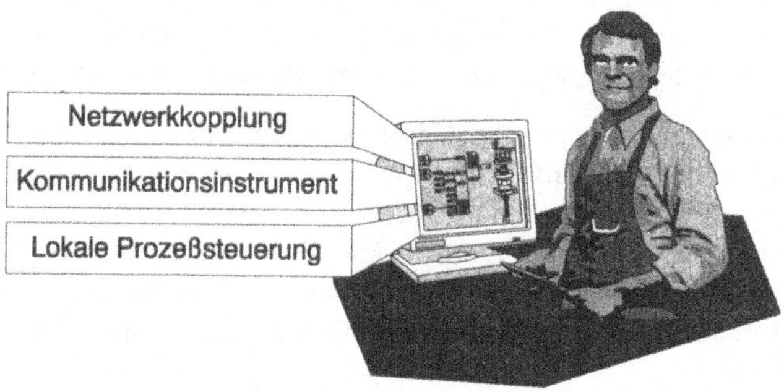

Bild 7-2: Die drei Teile des Arbeitsplatzsystems

7.3.1 Datentechnische Kopplung

Das Modul zur datentechnischen Kopplung ist die Grundlage für die Beteiligung der Mitarbeiter am schnellen Austausch konsistenter Informationen. Es ist somit der entscheidende Schritt, um die informationstechnische Integration des Produktionspersonals umzusetzen.

In diesem Modul ist das in Kapitel 6 entwickelte und in Abschnitt 6.4.2 zusammenfassend erläuterte Datenmodell des teilautomatisierten Arbeitsplatzes umgesetzt. Es ist die virtuelle Maschine (VMD, Virtual Manufacturing Device), die die Eigenschaften des Arbeitsystems repräsentiert. Im Modell werden die Beschaffenheiten der Funktionsträger berücksichtigt, die für den Informationsaustausch mit anderen Netzwerkteilnehmern von Belang sind. Die in Form der virtuellen Maschine umgesetzte Repräsentation des teilautomatisierten Arbeitsplatzes besteht aus folgenden Einzelmodellen:

- Komponentenmodell,
- Auftragsmodell,
- Leistungsmodell,
- Ereignismodell und
- Zustandsmodell.

Im Komponentenmodell werden die physischen Aufgabenträger Mensch, Werkzeug und Steuerung abgebildet. Deren Leistungsangebot, welches je nach Konfiguration unterschiedlich sein kann, wird im Leistungsmodell repräsentiert. Die Aufträge, die von den Aufgabenträgern bearbeitet werden, sind im Auftragsmodell hinterlegt, und die möglichen Ereignisse und Zustände werden durch das Ereignis- und das Zustandsmodell ausgedrückt. Die Einzelmodelle bestehen aus Datenstrukturen, die, miteinander in logische Beziehung gesetzt, das Gesamtmodell ergeben.

Mit Hilfe der in der virtuellen Maschine verankerten Elemente ist es möglich, einen standardisierten Ansprechpartner für alle Netzwerkteilnehmer und für alle kommunikationstechnischen Vorgänge zur Verfügung zu stellen. Der neue Kommunikationspartner 'Mitarbeiter auf der Produktionsebene' kann auf diese Weise, ebenso wie die anderen Netzwerkteilnehmer, am bereichsübergreifenden Informationsfluß teilnehmen.

Neben dem Abbilden von Eigenschaften erfüllt das Modul zur datentechnischen Kopplung auch die Funktion einer Schnittstelle. Netzwerkseitig werden Nachrichten empfangen und versendet, die dem

in der Spezifikation MMS (ISO/IEC 9506-1, 1990) definierten Sprachumfang entsprechen. Ein Teil des Informationsaustauschs wird dabei systemintern abgewickelt. Fragt man den Zustand ab, wird beispielsweise eine Antwort generiert, die aus der Abfrage bestimmter Variablen besteht.
Die Nachrichten, die mit einer anwenderseitigen Reaktion verbunden sind, werden weitergegeben und benutzergerecht aufbereitet. Das Modul für die datentechnische Kopplung ist in diesem Sinne der Benutzerschnittstelle vorgeschaltet (Bild 7-3). Die Benutzerschnittstelle ist der für das Produktionspersonal sichtbare Teil des Arbeitsplatzsystems; sie ist das Kommunikationsinstrument für den Anwender und wird im folgenden Abschnitt beschrieben.

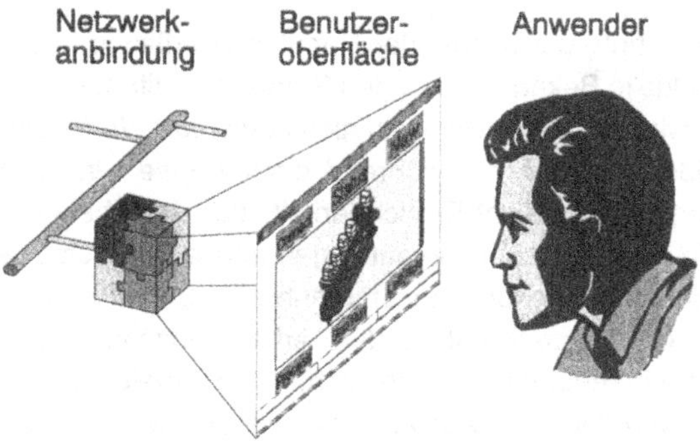

Bild 7-3: Schnittstelle zwischen Netzwerk und System

7.3.2 Kommunikationsinstrument

Das Kommunikationsinstrument stellt sich für den Anwender als Benutzerschnittstelle dar. Es ist der Teil des Arbeitsplatzsystems, der für die Bediener sichtbar ist.

Während der Arbeitszeit kommunizieren die Mitarbeiter mit der Benutzerschnittstelle. Dies beginnt mit dem Anmelden zu Arbeitsbeginn. Die Mitarbeiter registrieren sich mit ihrem Namen und geben zusätzlich die Tätigkeiten an, für die sie qualifiziert sind. Auf diese Weise erhalten sie ein individuelles Eigenschaftsprofil, und die Arbeitsstation wird mit spezifischen Fähigkeiten ausgestattet. Die Konfiguration des

Arbeitsplatzes wird systemintern verankert und steht bei netzwerkseitigen Anfragen zur Verfügung.

Das Tätigkeitsspektrum, das bei der Benutzeranmeldung zur Auswahl steht, ist in die Bereiche Arbeitsorganisation, Montage, Nacharbeit, Qualitätsprüfung, Störungsbehebung und Wartung eingeteilt; es kann bei Bedarf jederzeit erweitert werden. Dabei ist der Bereich Arbeitsorganisation als fachübergreifende Qualifikation die Voraussetzung dafür, daß die Mitarbeiter eigenverantwortlich Aufträge disponieren können. Für den Einsatz an einem informationstechnisch vernetzten Arbeitsplatz ist dies eigentlich eine Grundvoraussetzung, es soll jedoch auch die Möglichkeit bestehen, bereits eingelastete Aufträge zu bearbeiten. Dies ist eine sinnvolle Alternative für eine Tätigkeit, die Kapazität über mehrere Tage bindet und während dieser Zeit keine Auftragsplanung erfordert.

Ein weiterer Schritt, der mittels der Benutzeroberfläche ausgeführt wird, ist das individuelle Bekanntgeben des Status der Mitarbeiter. Die Angabe des Status wird benötigt, um das nichtstationäre Verhalten des Menschen abbilden zu können - während einer Pause wird beispielsweise die vorübergehende Nicht-Erreichbarkeit der Mitarbeiter transparent gemacht. Zu der Statusbekanntgabe gehören aber auch Zustände, die mit der Auftragsbearbeitung zusammenhängen. Die Mitarbeiter haben die Möglichkeit, Rüsttätigkeiten, den Arbeitsfortschritt, Wartezustände oder ein außerplanmäßiges Unterbrechen der Arbeiten zu signalisieren. Über die Bekanntgabe des Zustands kann auch die Unterstützung durch einen externen Spezialisten angefordert werden, beispielsweise bei Störungen an technischen Geräten.

Für die Mitarbeiter ist der Austausch von Informationen bei der Auftragsabwicklung der entscheidendste Kommunikationsprozeß. Über das Netzwerk werden sowohl Bilder als auch Texte transferiert, die auf der Benutzeroberfläche visualisiert werden. Bei dem realisierten System ist die illustrierte Information optional, wobei sie insbesondere bei der Erläuterung von komplexen Sachverhalten sehr hilfreich ist. Form und Umfang von Bild- und Textinformationen sind dabei weitgehend flexibel handhabbar. Als Datenformate werden ASCII-Text und Metafiles für Bilddokumente eingesetzt. Die Bilder sind skalierbar und bieten somit die Möglichkeit zur Vergrößerung von Detailansichten.

In Bild 7-4 (auf der folgenden Seite) sind die Bereiche der Benutzerschnittstelle dargestellt, die als Kommunikationsinstrument den Anwender beim netzwerkweiten Informationsaustausch unterstützen.

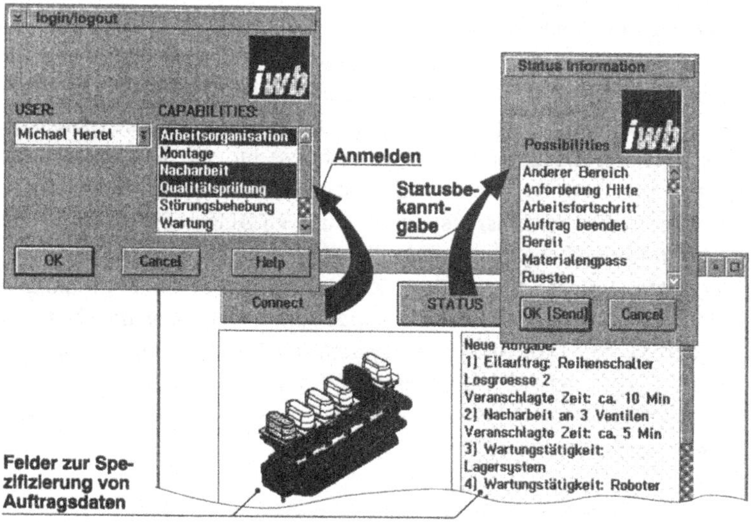

Bild 7-4: Kommunikationsinstrument für den Anwender

Der letzte Teil der Benutzerschnittstelle betrifft die im folgenden Abschnitt (7.3.3) erläuterte Handhabung der lokalen Prozeßsteuerung. Die Mitarbeiter haben hierüber die Möglichkeit, ihre direkte, lokale Umgebung zu beeinflussen und sich Systemzustände visualisieren zu lassen.

Die Benutzerschnittstelle und das in Abschnitt 7.3.1 beschriebene Modul zur datentechnischen Kopplung sind als zwei separate Elemente ausgeführt, die unabhängig voneinander genutzt werden können. Die Benutzerschnittstelle allein eingesetzt kann als Visualisierungssystem und zur lokalen Prozeßsteuerung verwendet werden; die isolierte Netzwerkanbindung ermöglicht im mannlosen Betrieb das Aufrechterhalten von grundlegenden Kommunikationsfunktionen. Die Verbindung zwischen den beiden Elementen erfolgt duch Interprozeßkommunikation mittels mehrerer *pipe*-Verbindungen.

7.3.3 Lokale Prozeßsteuerung

Neben Bild- und Textinformationen, die den Mitarbeitern bei der Auftragsabwicklung behilflich sind, werden über das Netzwerk auch maschinennahe Steueranweisungen für die Kontrolle lokaler Prozesse ausgetauscht.

In Abschnitt 6.2 wurde das im Rahmen dieser Arbeit behandelte System als teilautomatisierter Arbeitsplatz definiert - der Mensch bearbeitet Aufträge, bei Bedarf mit der Unterstützung durch Werkzeuge und mit einer prozeßkontrollierenden Steuerung. Die Ausstattung des Systems mit einer lokalen Prozeßsteuerung ermöglicht es, zur Laufzeit ein Steuerprogramm zu laden und ablaufen zu lassen (Bild 7-5). Die Steuerung kann sowohl vom Produktionspersonal als auch im Automatikbetrieb von der Leitebene aus konfiguriert und betrieben werden. Die Konfiguration der Steuerung erfolgt durch das Selektieren eines Steuerprogramms, welches vorher mittels einer *Download*-Anweisung über das Netzwerk geladen wurde. Das Arbeitsplatzsystem kann Programme verarbeiten, die der Syntax der Anweisungsliste (AWL) entsprechen. Hierbei können die nach IEC 1131-3 (1993) genormten Befehle dieser Steuersprache verwendet werden.

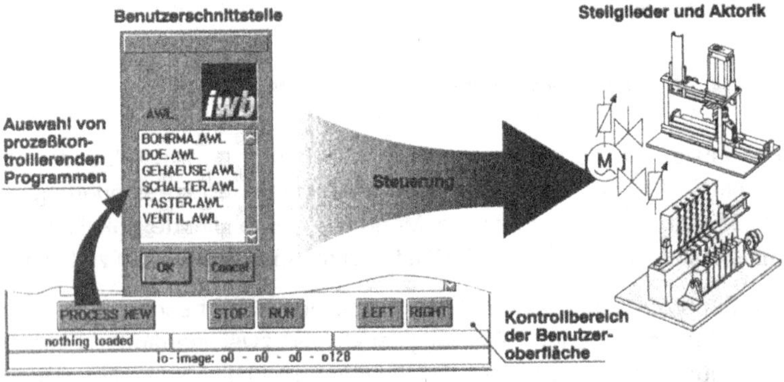

Bild 7-5: Werkzeug für die lokale Prozeßführung

Die Implementierung einer am Informationsaustausch beteiligten lokalen Prozeßsteuerung umfaßt zwei wichtige Aspekte. Zum einen werden die Mitarbeiter bei der Erfüllung teilautomatisierter Prozesse unterstützt, und zum anderen ist die Grundlage für das vollautomatische Bearbeiten von Aufträgen geschaffen. Damit ist eine zeitliche Disposition von Arbeitsinhalten möglich. Beispielsweise können tagsüber anspruchsvolle Tätigkeiten wie Qualitätskontrolle oder Nacharbeit durchgeführt werden, in der mannarmen Schicht kann im Automatikbetrieb die Bearbeitung von unproblematischen Prozessen erfolgen. Durch die datentechnische Einbindung des Arbeitssystems ist bei beiden Besetzungen der Austausch der Informationen möglich, die zur Auftragsbearbeitung erforderlich sind.

7.4 Beispielszenario

Das Beispielszenario verdeutlicht die Einsatzmöglichkeiten von informationstechnisch integrierten Arbeitsplätzen. Es wird gezeigt, wie der Mensch auf Produktionsebene in einer neuen Weise mit erweitertem Tätigkeitsspektrum an der Erfüllung von Prozessen beteiligt ist. In dem beispielhaften Produktionsverbund (siehe auch Abschnitt 7.2) sind Menschen und automatisierte Betriebsmittel mit einem Leitsystem zur Auftragsdisposition informationstechnisch miteinander vernetzt.

An dem manuellen Arbeitsplatz ist ein Mitarbeiter angemeldet, der sowohl für Nacharbeitstätigkeiten und Qualitätsprüfung als auch für die Störungsbehebung an automatischen Stationen qualifiziert ist. Diese Eigenschaften können von dem koordinierenden Leitsystem abgefragt werden, ebenso wie der aktuelle Status. Von den anderen, automatischen Zellen stehen Informationen der gleichen Art zur Verfügung, so daß allen Teilnehmern das vorhandene Produktionspotential bekannt ist.

In den automatischen Zellen sind Montageaufträge eingelastet, der Mitarbeiter am teilautomatisierten Arbeitsplatz bearbeitet einen Nacharbeitsauftrag. Aufgrund der Komplexität der Vorgänge und des erforderlichen Know-hows müssen die Nacharbeitstätigkeiten in Handarbeit ausgeführt werden. Die Produkte, die nachgearbeitet werden sollen, wurden in der mannlosen Nachtschicht von den automatischen Produktionszellen montiert und haben in der Qualitätsprüfung einen Defekt gezeigt. Während der Prüfung konnte bei einem Teil der defekten Erzeugnisse die Fehlerursache ermittelt werden, bei dem anderen Teil muß sie bei der Reparatur ermittelt werden. Die vorhandenen Informationen sind zusammen mit den Auftragsdaten über das Netzwerk an den manuellen Arbeitsplatz weitergeben worden und stehen unterstützend zur Verfügung.

Während der Auftragsbearbeitung kommt es zu einer Störung an einer der automatischen Stationen. Ein außerhalb der Toleranzen liegendes Einzelteil hat sich in einer Vorrichtung verklemmt, die Produktionszelle steht. Über die kontinuierlich erfolgende Statusabfrage des Leitsystems kann einerseits dieser Ausnahmezustand sofort ermittelt und andererseits festgestellt werden, daß ein Mitarbeiter mit der erforderlichen Qualifikation zur Störungsbehebung angemeldet ist. Aufgrund dieser Tatsachen wird ein hochpriorisierter Auftrag generiert und an den Mitarbeiter versendet. Als Information wird der Störungsort und soweit bekannt die Ursache mitgeliefert. Der Mitarbeiter quittiert den Auftrag und meldet sich ab, indem er angibt, daß er einen neuen Einsatzort hat. Beim Versuch, die Störung zu beheben, kann er im Idealfall mit den vorhandenen Informationen umgehend erfolgreich handeln. Für den Fall, daß Komplikationen auftreten, kann der Mitarbeiter entweder zusätzliche Informationen anfordern oder den Auftrag mit der Empfehlung beenden, einen externen Spezialisten hinzuzuziehen. Nach der Wiederanmeldung am Arbeitsplatz teilt er das Ergebnis der Auftragsdurchführung über das Netzwerk mit und führt den unterbrochenen Auftrag weiter.

Das Beispiel zeigt, wie der Mitarbeiter durch informationstechnische Integration (Bild 7-6) in einem Produktionsverbund an der Erfüllung von verschiedenartigen Aufgaben beteiligt ist und welcher Vorteil sich aus der schnellen Übermittlung strukturierter Informationen ergibt. Ein weiterer wichtiger Punkt ist die Tatsache, daß der Mitarbeiter mit individuellen Eigenschaften als Netzwerkpartner abgebildet wird. Hierdurch kann das Potential auch von manuellen Bereichen repräsentiert und genutzt werden. Der Vorteil für die Mitarbeiter liegt dabei in der Erweiterung ihres Tätigkeitspektrums.

Bild 7-6: Das Arbeitsplatzsystem: informationstechnische Infrastruktur für den Mitarbeiter

7.5 Bewertung

Abschließend wird darauf eingegangen, inwiefern die informations- und kommunikationstechnische Situation auf der Produktionsebene durch das vorgestellte Konzept verbessert wird. Zusätzlich sollen aber auch die Grenzen des Systems betrachtet werden. Im Gegensatz zu den in Kapitel 5 aufgezeigten, bisher bestehenden Möglichkeiten zur Gestaltung von Informationsprozessen ermöglicht das hier entwickelte Konzept die Integration der Mitarbeiter in den betrieblichen Informationsfluß durch deren aktive Beteiligung am Informationsgeschehen. Das Kommunikationsmodell, welches die Mitarbeiter individuell repräsentiert, erlaubt den bidirektionalen Informationsaustausch zwischen allen Beteiligten.

Durch die kommunikations- und informationstechnische Integration der Mitarbeiter können die in Kapitel 3 diskutierten Kriterien zur qualitativen Beurteilung von Informationsprozessen - Geschwindigkeit, Effizienz und Flexibilität - weitgehend erfüllt werden (Bild 7-7).

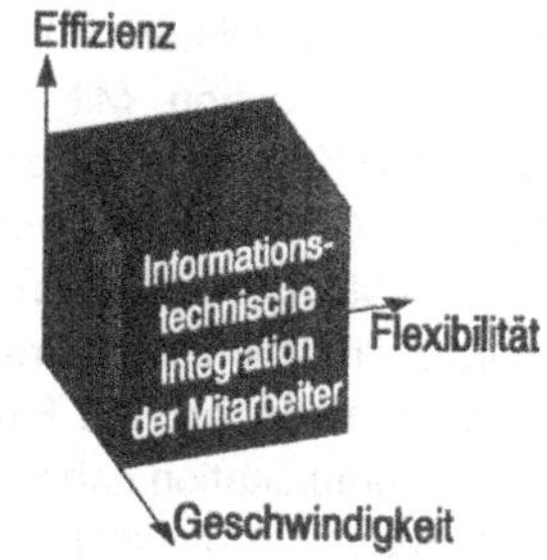

Bild 7-7: Erfüllung der qualitativen Kriterien zur Bewertung von Informationsprozessen

Der Einsatz eines homogenen Datenkanals, die rechnerunterstützte Informationsaufbereitung und bidirektionale Online-Kommunikationsmöglichkeiten sind dabei die Grundlage dafür, daß die Informationsprozesse mit hoher Geschwindigkeit stattfinden.

Die Flexibilisierung von Informationsprozessen wird bewirkt, indem sehr viel mehr Kommunikationspartner als potentielle Informationslieferanten und -kunden zur Verfügung stehen. Da nicht erwartet werden kann, daß die Mitarbeiter jederzeit erreichbar sind, können Lücken bei der Informationsversorgung nicht ausgeschlossen werden. Trotzdem wird die Verfügbarkeit von Informationen erhöht, da der Status der Kommunikationspartner abrufbar ist und jederzeit Nachrichten hinterlassen werden können. Zum einen erhöht sich damit der Kenntnisstand des Senders bezüglich der Situation in seinem Kommunikationsbereich, und zum anderen wird auch im Ausnahmefall eine definierte, minimale Kommunikationsfähigkeit gewährleistet.

Die Informationsprozesse erfolgen effizient, da Informationen ohne Umwege über einen Mittler direkt an den Einsatzort weitergeleitet werden.

Die zielgerichtete Informationsverteilung wird dadurch ermöglicht, daß einzelne Eigenschaften der Kommunikationspartner transparent gemacht werden. Der Grad der Informationsaufbereitung ist an das jeweilige Benutzerprofil anpaßbar. Hierdurch und durch die Möglichkeit zur konsistenten Datenhaltung erfolgen die Informationsprozesse strukturiert.

Anzumerken ist, daß sich die Parameter Geschwindigkeit, Flexibilität und Effizienz bei dem vorgestellten Konzept nicht mehr gegenseitig behindern bzw. ausschließen, wie dies bei aktuellen Informationsflußsituationen der Fall ist (siehe auch Kapitel 3). Dies wird dadurch erreicht, daß die Kommunikationspartner einerseits über eine homogene Informationsflußinfrastruktur miteinander vernetzt sind und andererseits Transparenz bezüglich ihres Wirkungskreises gewinnen.

Die Grenzen des Konzepts sind insbesondere in der mangelnden Realisierbarkeit aller Dimensionen der zwischenmenschlichen Kommunikationsformen zu sehen. Mit den derzeitigen Techniken lassen sich reale face-to-face-Kontakte, die zusätzlich zu Bild- und Sprachinformationen auch noch Gestik, Mimik und eine damit zusammenhängende Informationsgewichtung erlauben, nur bedingt umsetzen. Hierdurch werden die Interaktionsmöglichkeiten reduziert, womit auch Informationsverluste einhergehen können. Die Einschränkung der direkten zwischenmenschlichen Kommunikation kann zu Schwierigkeiten beim Akzeptanzverhalten führen, welche u.U. nicht auf allen Gebieten durch einen strukturierten Informationsfluß ausgeglichen werden können. Deshalb müssen zusätzliche Maßnahmen ergriffen werden, welche die persönliche Beziehungsebene fördern, beispielsweise Gruppengespräche, bereichsübergreifende Qualitätszirkel oder einfach geeignete Pausenräume.

Im folgenden sind zusammenfassend Nutzen und Aufwand der informationstechnischen Integration von Menschen in der Produktion aufgeführt.

Nutzen	Aufwand
• Konsistente Informationen • Schnelle, flexible und effiziente Informationsprozesse • Einsatz des Menschen als kompetenter Know-how-Träger • Aktive Beteiligung der Mitarbeiter am Informationsmanagement • Erweiterung des Tätigkeitsspektrums der Mitarbeiter	• Kosten für Hard- und Software • Aufwand zur menschgerechten Darstellung von Informationen • Nötige Vorkehrungen für eine Zugangsregelung zu Informationen • Aufwendungen zur Mitarbeiterqualifizierung • Maßnahmen zur Förderung von persönlichen Kontakten

8 Zusammenfassung und Ausblick

8.1 Zusammenfassung

Die vorliegende Arbeit zeigt einen Weg zur Integration des Produktionspersonals in den durchgängigen Informationsfluß aus der Sicht der Datentechnik. Im Mittelpunkt steht dabei das Entwickeln der Voraussetzungen für die Beteiligung gewerblicher Mitarbeiter an einem datentechnisch vernetzten Produktionsverbund mit dem Ziel, auch in manuellen Arbeitsbereichen strukturierte und konsistente Daten schnell bereitstellen und nutzen zu können.

Als Gewinn für die Produktionstechnik steht die Verbindung des Menschen als Know-how-Träger und wichtigem Produktionsfaktor mit dem Zeitvorteil der elektronischen Datenverarbeitung im Vordergrund, um Flexibilität und Reaktionsfähigkeit zu verbessern. Für die Mitarbeiter besteht die große Chance darin, durch die Unterstützung mittels aktueller Informationen ihr Tätigkeitsspektrum zu erweitern und Arbeitsinhalte zu vergrößern.

Zur Verwirklichung eines auch manuelle Arbeitsbereiche vernetzenden Produktionsverbunds wurde im ersten Schritt die aktuelle informationsflußtechnische Situation von gewerblichen Mitarbeitern in verschiedenen Ausprägungen analysiert. Untersuchungsgegenstand waren manuelle und teilautomatisierte Montagebereiche mit unterschiedlichen Organisationsstrukturen.
Im nächsten Schritt wurden Anforderungen definiert, um die Kommunikation zwischen gewerblichen Mitarbeitern und Datennetzwerk umzusetzen. Hierbei wurden die Eigenschaften zusammengetragen, die ein System zur informationstechnischen Integration der Mitarbeiter erfüllen muß.
Durch die Analyse von bereits realisierten oder als Konzept bestehenden Lösungen wurde der Stand der Technik, unter Berücksichtigung der ermittelten Anforderungen, aufbereitet.

Kern der Arbeit war die Entwicklung eines Kommunikationsmodells, basierend auf der Voraussetzung, daß alle Teilnehmer in dem angestrebten Datennetz die gleiche Sprache sprechen, um Informationen

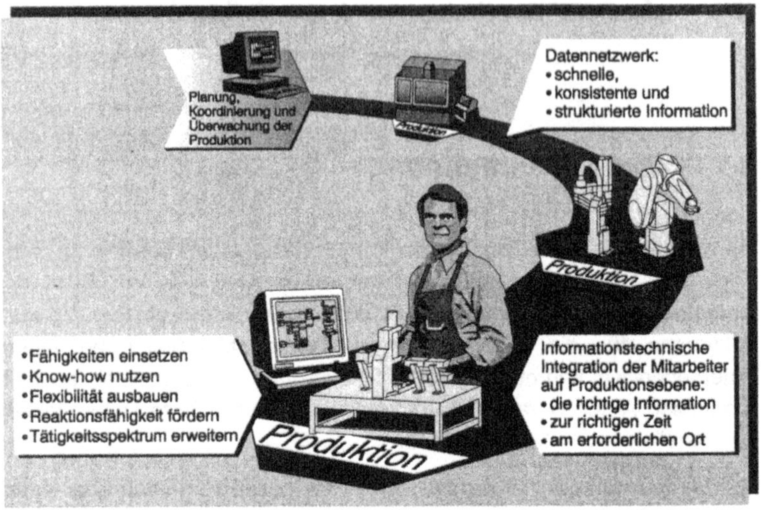

Bild 8-1: Informationstechnische Integration der Mitarbeiter auf der Produktionsebene

auszutauschen. Die Verbindung der Mitarbeiter auf der Produktionsebene mit dem Datenverbund erfolgt dadurch, daß der Mensch als neuer Kommunikationspartner, ebenso wie andere Teilnehmer des Datennetzes, mittels industriell eingesetzter Methoden und Standards als Modell abgebildet wird. Die für kommunikative Aspekte relevanten Eigenschaften des Menschen werden damit den anderen Netzwerkteilnehmern transparent gemacht. Auf diese Weise sind verschiedene automatisierte Betriebsmittel, Instanzen zur Auftragsdisposition und der Mensch selbst Teilnehmer in einem homogenen datentechnischen Netz. Das Modell dient dabei als Datenschnittstelle und erfüllt die technischen Aufgaben des Informationsflusses. Damit ist der Mensch informations- und kommunikationstechnisch integriert, ohne maschinelle Kommunikationsformen annehmen zu müssen.

Ergebnis der Arbeit ist ein Modell zur informationstechnischen Integration des Produktionspersonals unter Berücksichtigung individueller Eigenschaften und Bedürfnisse der beteiligten Mitarbeiter. Hierdurch entsteht ein auch manuelle Bereiche einschließender Produktionsverbund mit dynamischem Potential, welches aufgrund der bereichsübergreifenden Datentechnik transparent und dadurch nutzbar gemacht werden kann (Bild 8-1).

8.2 Ausblick

Die Untersuchungen und Ergebnisse der vorliegenden Arbeit zeigen, daß die Neugestaltung der Kommunikationsvorgänge auf der Produktionsebene hohes Verbesserungspotential birgt. Im Gegensatz zum konventionellen Informationsfluß ist es per Datentechnik möglich, immer und überall über aktuelle Informationen zu verfügen, wodurch sowohl Geschwindigkeit als auch Effektivität und Flexibilität der Produktion gesteigert werden. Zudem eröffnet die informationstechnische Integration der Mitarbeiter weitreichende Möglichkeiten für neue Organisations- und Steuerungskonzepte in der Fabrik. Dies zeigt, daß die informationstechnische Integration des Produktionspersonals ein sehr umfassendes Thema mit vielschichtigen Auswirkungen ist.

Bei der weiterführenden Behandlung der Themenstellung sind neben den beleuchteten technischen Aspekten insbesondere Motivationsfragen, das Akzeptanzverhalten, die Kommunikations- und Partizipationsbereitschaft, das Umgehen mit Freiräumen sowie weitere sozial- und arbeitswissenschaftliche Gesichtspunkte zu berücksichtigen.

Außerdem kann die zunehmende Erreichbarkeit der Mitarbeiter Veränderungen in den Fabrikstrukturen bewirken, insofern der Faktor Zeit noch stärker gewichtet wird und damit die Gefahr von wachsendem Zeitdruck besteht. Auch hier sind angepaßte, menschzentrierte Ansätze gefragt.

Eine Fragestellung, die es ebenfalls zu lösen gilt, ist die Qualifizierung der Mitarbeiter für Aufgaben, die einen variabel vergrößerten Handlungsspielraum bieten und zunehmende Verantwortungsübernahme erfordern.

Von dem Qualifizierungsaufwand hängt u.a. auch die Wirtschaflichkeit von Informationsvorgängen ab. Hier sind Fragen offen, die den Aufwand zur Deckung von Informationsbedürfnissen anbelangen. Für einen wirtschaftlichen Bewertungsansatz der informationstechnischen Integration der Mitarbeiter auf der Produktionsebene müssen daher neben technischen Randbedingungen auch die Beschaffung von Information und nicht zuletzt die soziale Funktion von Kommunikationsvorgängen berücksichtigt werden.

Glossar

ASCII (American Standard Code for Information Interchange) Festlegung eines Satzes von Schriftzeichen und Sonderzeichen für die Standardisierung des Informationsaustauschs.

ATM (Asynchronous Transfer Mode) Verbindungsorientiertes Hochleistungsnetz.

BCC (Block Check Character) Eine Technik zur Fehlererkennung bei der Datenübertragung, die auf der Berechnung der Längsparität eines Telegramms beruht.

BDE (Betriebsdatenerfassung) Allgemeiner Begriff für die Erfassung von Daten aus den Bereichen der Kapazität- und Materialwirtschaft.

CIM (Computer Integrated Manufacturing) Bezeichnung für die systematische Zusammenführung aller rechnergestützten Techniken zur industriellen Produktion.

Client Anwenderprozeß, der die Dienste eines Servers anfordert.

CRC (Cyclic Redundancy Check) Eine Technik zur Fehlererkennung bei der Datenübertragung. Die Prüfinformation wird mittels eines Prüfpolynoms berechnet.

CSCW (Computer-Supported Cooperative Work) Durch Computertechnik unterstütztes kooperatives Arbeiten.

CSMA/CD (Carrier Sense Multiple Access with Collision Detection) Zugriffsverfahren für Netzwerke, bei der eine sendewillige Station auf das Freiwerden des Übertragungskanals wartet.

DIN (Deutsches Institut für Normung e.V., Berlin) Ersteller und Herausgeber von deutschen Normen.

DNC (Distributed Numeric Control, vor ca. 1989 Direct Numeric Control) Systeme zur Ankopplung von NC-Maschinen an übergeordnete Leitrechner, um Programm- und Betriebsdaten zu transferieren.

DTC (Desktop Conferencing) Videokonferenzsysteme, die für den Einsatz an Computerarbeitsplätzen konfiguriert sind.

DV (Daten-Verarbeitung) Mittels Rechnereinsatz durchgeführte Handhabung und Manipulation von Daten.

Ethernet Netzwerkkonzept, welches 1980 von der Firma Xerox ursprünglich für die Bürovernetzung auf den Markt gebracht wurde.

FDDI (Fibre Distributed Data Interface) Datenübertragung mittels Lichtwellenleiter.

FMS (Fieldbus Message Specification) Objektorientierte Dienste des Profibus zur Kommunikation in einem industriellen Nachrichtensystem.

Global Sourcing Entwicklung, Herstellung und Vertrieb von Produkten unter Nutzung weltweiter Ressourcen.

Hypermedia Ein Hypermedia-System ist die Schnittmenge aus Multimedia-Systemen und Hypertext-Systemen, z.B. ein multimediales Dokument, welches mittels interaktivem Benutzereingriff ein individuelles Navigieren erlaubt.

Hypertext- und Hyperbildtechnik Ein Hyperdokument ist ein netzartig aufgebautes Dokument, in dem Texte und Bilder Referenzen zu anderen Texten und Bildern haben, so daß im Gegensatz zu konventionellen Dokumenten auch ein nichtlineares Navigieren im Dokument möglich ist.

IEC (International Electrotechnical Commission) Arbeitsgruppe der ISO.

IEEE (Institut of Electrical and Electronics Engineers) Größter Fachverband der Welt, der u.a. an der Entwicklung von Normen auf dem Gebiet der Elektrotechnik und Informatik beteiligt ist.

Internet Der Zusammenschluß einer Vielzahl von Computernetzen zu einer weltweiten Infrastruktur für den elektronischen Datenverkehr.

ISDN (Integrated Services Digital Networks) Oberbegriff, unter dem die digitalen Telekommunikationsdienste zur (Daten-)Übertragung von Sprache, Text und Bildern über einen einzigen Anschluß verstanden werden.

ISO (International Organisation for Standardization) Internationaler Zusammenschluß von Normungsinstituten, der in sogenannten Technischen Komitees organisiert ist.

ISO/OSI-7-Schichtenmodell nach ISO 7498 In dem Referenzmodell werden alle Aspekte der Informationsübertragung in einem offenen Rechnernetzwerk festgelegt.

Kanban (jap.: Karte) Informationsträger für das Auslösen von Materialnachlieferungen mit dem Zweck der Reduzierung von Zwischenlagerbeständen.

MAP (Manufacturing Automation Protocol) Eine auf dem ISO/OSI-7-Schichtenmodell aufbauende Protokollarchitektur für den Nachrichtenaustausch zwischen automatisierten Geräten in Produktionsanlagen.

Master/Slave-Verfahren Zugriffsverfahren für Netzwerke, bei dem eine zentrale, koordinierende Instanz (Master) den Medienzugriff an sendewillige Teilnehmer (Slave) vergibt.

MDE (Maschinendatenerfassung) Erfassung der Fertigungsdaten von Produktionsmaschinen.

MMK (Mensch-Maschine-Kommunikation) Austausch von Nachrichten, bei dem Daten unter Verwendung technischer Hilfsmittel über eine Benutzerschnittstelle entweder dem Menschen zugänglich gemacht werden oder von ihm eingegeben werden.

MMS (Manufacturing Message Specification) Die Festlegung und Beschreibung der Leistungen und Eigenschaften zum Aufbau eines OSI-kompatiblen, objektorientierten Nachrichtensystems für den Informationsaustausch zwischen industriellen Komponenten.

Multimedia Die Kombination mehrerer Medien. Beispielsweise die Verbindung von Schrift, bewegtem Bild und Ton beim Fernsehen.

NC (Numerical Control) Programmierbare Steuerung für Produktionsmaschinen, bei der mittels numerischer Anweisungen Geometrie- und Technologieinformationen sowie binäre Schaltanweisungen zur Kontrolle der Maschinenantriebe und Maschinenperipherie verarbeitet werden.

OSI (Open System Interconnection) Bezeichnung der von der ISO festgelegten Beschreibung von Schnittstellen für den netzwerkweiten Datenaustausch.

PMS (Peripheral Message Specification) Objektorientierte Dienste des Interbus-S zum Aufbau eines industriellen Nachrichtensystems.

PPS-System (Produktionsplanungs- und Steuerungssystem) Ein Begriff, der sowohl die Aufgaben zur Organisation, Koordination, Durchsetzung und Überwachung von Fertigungs-, Lagerungs- und Beschaffungsprozessen zusammenfaßt, als auch die hierfür benötigten Softwarepakete bezeichnet.

RAC (Remote Access Commands) Befehlssatz des Bitbus, der dem Anwender den Informationsaustausch mit und die Manipulation von anderen Netzwerkteilnehmer ermöglicht.

RC (Robot Control) Überbegriff zur Charakterisierung der Vorgänge, die mit der Ansteuerung und Regelung von Robotern zusammenhängen.

Server Anwenderprozeß, der einem Client Dienste zur Verfügung stellt.

SPS (Speicherprogrammierbare Steuerung) Elektronisches Automatisierungsgerät zur Prozeßführung. Das Steuerprogramm wird in einer anwendungsorientierten Programmiersprache erstellt und liegt frei- oder austauschbarprogrammierbar als Software vor.

TCP/IP (Transmission Control Protocol/Internet Protocol) Ein verbreitetes Protokoll zur Sicherung der Datenübertragung.

Telearbeit Räumliche Verteilung zwischen einer Leistungserstellung und deren Nutzung; unter dem Begriff wird in der Regel die Verlagerung von betrieblichen und behördlichen Aufgaben in den häuslichen Bereich verstanden.

Telekooperation Die mediengestützte, arbeitsteilige Leistungserstellung zwischen Unternehmen sowie zwischen Unternehmenseinheiten, die über mehrere Standorte verteilt sind.

Terminal Datenendgerät; Computerarbeitsplatz, der mit Datenein- und Ausgabegeräten versehen ist (in der Regel Tastatur und Bildschirm).

Token-Prinzip Zugriffsverfahren für Netzwerke, bei dem eine Zeichenkette von Teilnehmer zu Teilnehmer gereicht wird und zur Initiierung eines Nachrichtenaustauschs berechtigt.

VMD (Virtual Manufacturing Device) Ein aus modellierten Objekten bestehendes Abbild von Eigenschaften eines Kommunikationspartners, welches netzwerkweit transparent gemacht wird.

WWW (World Wide Web) Ein Internetdienst, der die Vernetzung weltweiter Hyperdokumente ermöglicht.

Literatur

Adam u.a. 1992

Adam, W.; Linnemann, H.: Menevidis Z.: Beispiel einer auf Standards basierenden Kommunikationsinfrastruktur für CIM. ZwF 87 (1992) 7, S. 358-361.

Adam u.a. 1995

Adam, W.; Fredrich, H.; Linnemann, H.; Pankatz, C.: Telematikdienste für standortübergreifendes kooperatives Arbeiten. ZwF 90 (1995) 10, S. 490-493.

Arnold u.a. 1995

Arnold, M. u.a.: Voraussetzungen und Methoden einer Mensch-Prozeß-Kommunikation. atp Automatisierungstechnische Praxis 37 (1995) 9, S. 34-41.

Augustin 1990

Augustin, S.: Information als Wettbewerbsfaktor. Informationslogistik - Herausforderung für das Management. Köln: Verlag TÜV Rheinland 1990.

Baginski & Müller 1994

Baginski, A.; Müller, M.: INTERBUS-S: Grundlagen und Praxis. Heidelberg: Hüthig 1994.

Balzert 1988

Balzert, H.: Trends und Perspektiven der Software-Ergonomie. In: Balzert, H. u.a. (Hrsg.): Einführung in die Software-Ergonomie. Berlin: Springer 1988, S. 345-374.

Bärenreuther & Sommer 1993

Bärenreuther, B.; Sommer, E.: MAP für Gerätesteuerungen in Montagezellen (Teil 1). pa Produktionsautomatisierung 2 (1993) 2, S. 42-44.

Bärenreuther 1994

Bärenreuther, B.: Standardisierter Austausch von Qualitätsdaten mit MAP/MMS. pa Produktionsautomatisierung 3 (1994) 4, S. 40-42.

Barreuther 1993

Barreuther, R.: Steuern und Visualisieren von

Transfermaschinen-Bearbeitungen. Werkstatt und Betrieb 126 (1994) 6, S. 325-327.

Bauer u.a. 1992
Bauer S. u.a: Kapitel II.4 Arbeitsplanung und -steuerung. In: Mertins, K. Ganz, W. Metz, A. (Hrsg.): Handbuch der humanen CIM-Gestaltung - Aufbereitung von HdA-Gestaltungswissen für das Beratungsangebot der CIM-TT-Stellen. Berlin: Selbstverlag der FhG, ipk 1991. (Band 1).

Bender 1992
Bender, K. (Hrsg.): PROFIBUS: Der Feldbus für die Automation. 2. Aufl. München: Carl Hanser 1990.

Bender 1995
Bender, K.: PROFIBUS - Der offene Feldbusstandard. CIM Management 11 (1995) 2, S. 11-15.

Bierlich & Granow
Bierlich, R.; Granow, R.: Leitstandsintegriertes DNC- und Auftragssteuerungssystem. ZwF 87 (1992) 10, S. 587-591.

Blome & Klinker 1993
Blome, W.; Klinker, W.: Der Sensor/Aktorbus: Theorie und Praxis des INTERBUS-S. Landsberg/Lech: Verlag Moderne Industrie 1993. (Bibliothek der Technik Band 78).

Brankamp 1992
Brankamp, K.: Der Werker im Mittelpunkt. ZwF 87 (1992) 10, S. 571-573.

Bresch u.a. 1991
Bresch, H.; Güttler, F.; Patzke, R.: Übertragungssicherheit bei Feldbussen, Teil 2: Datensicherungsverfahren. Elektronik 40 (1991) 16, S. 60-63.

Bullinger 1986
Bullinger, H.-J. (Hrsg.): Systematische Montageplanung - Handbuch für die Praxis. München: Carl Hanser 1986.

Bullinger 1994
Bullinger, H.-J.: Ergonomie - Produkt und Arbeitsplatzgestaltung. Stuttgart: Teubner 1994.

Bullinger 1995

Bullinger, H.-J.: Arbeitsgestaltung - Personalorientierte Gestaltung marktgerechter Arbeitssysteme. Stuttgart: Teubner 1995.

Cremer 1992

Cremer, R.: Informationsmodellierung für die integrierte Arbeitsplanerstellung im Bereich der zerspanenden Fertigung. Aachen: Shaker, 1992. (Berichte aus dem Werkzeugmaschinenlabor; Bd. 2).

Dick u.a. 1995

Dick, F. u.a.: Analyse von Organisation und Technik. In: Luczak, H. u.a. (Bd-Hrsg.): Experte Mitarbeiter - Strategien und Methoden einer mitarbeiterorientierten Gestaltung und Einführung rechnerintegrierter Produktion. Köln: Verlag TÜV Rheinland 1995, S. 173-198.

DIN 19244 1988

DIN 19244, Teil 10: Fernwirkeinrichtungen und Fernwirksysteme - Telegrammformate. Berlin: Beuth 1988.

DIN 44300 1988

DIN 44300, Teil 9: Informationsverarbeitung: Begriffe Verarbeitungsabläufe. Berlin: Beuth 1988.

DIN 66219 1976

DIN 66219: Verfahren zur Blockprüfung bei Datenübertragung im Übermittlungsabschnitt. Berlin: Beuth 1988.

DIN 66234 1988

DIN 66234: Bildschirmarbeitsplätze - Grundsätze ergonomischer Dialoggestaltung. Berlin: Beuth 1988.

Dinkel 1994

Dinkel, H.K.: Overlay-System zur kostengünstigen Integration von DNC/MDE-Installationen in ein MMS-Netzwerk. CIM Management 10 (1994) 1, S. 20-23.

Döbrich 1994

Döbrich, U.: ISA/93: Feldbussystem atp Automatisierungstechnische Praxis 36 (1994) 2, S. 54-55.

Doege u.a. 1994

Doege, E.; Mathieu, H.; Schönpflug, T.: Entwicklung eines

Informationssystems zur Analyse und gezielten Rückführung von Planungsfehlern in der Blechbearbeitung. In: Pfeifer, T. (Hrsg.); Hollmann, F. (Hrsg.): Innovative Qualitätssicherung in der Produktion - Ergebnisse des Schwerpunktprogramms der DFG/FQS, Aachen. Berlin: Beuth 1994, S. 19-28.

Drinkuth 1990
Drinkuth, A.: Konsequenzen und Anforderungen an CIM-Strategien aus gewerkschaftlicher Sicht. In: Noack, M. u.a. (Hrsg.): CIM - Integration und Vernetzung. Chancen und Risiken einer Innovationsstrategie. Berlin: Springer 1990, S. 23-33.

Dröse 1992
Dröse. J.: Produktionsbereiche durch Systembausteine vernetzt. Werkstatt und Betrieb 125 (1992) 11, S. 861-863.

Duelen u.a. 1995
Duelen, G.; Scholz-Reiter, B.; Zastrow, K.: Feldbussysteme in der Fertigungstechnik. CIM Management 11 (1995) 2, S. 16-21.

Färber 1994
Färber, G.: Feldbus-Technik heute und morgen. atp Automatisierungstechnische Praxis 36 (1994) 11, S. 16-36.

Färber u.a. 1985
Färber, G.; Polke, M.; Steusloff, H.: Mensch-Prozeß-Kommunikation. Chemie-Ingenieur-Technik 57 (1985) 4, S. 307-317.

Feige u.a. 1991
Feige, M. u.a: Kapitel II.7 Montage. In: Mertins, K. Ganz, W. Metz, A. (Hrsg.): Handbuch der humanen CIM-Gestaltung - Aufbereitung von HdA-Gestaltungswissen für das Beratungsangebot der CIM-TT-Stellen. Berlin: Selbstverlag der FhG, ipk 1991. (Band 2).

Fembacher 1994
Fembacher, W.: Datenaustausch in der industriellen Produktion. München: Carl Hanser 1994.

Fischer 1987
Fischer, G.: Making Computers more Useful and more

Usable. In: Cognitive Engineering in the Design of Human-Computer Interaction and Expert Systems. Proceedings of the 2nd International Conference on Human-Computer Interaction (Honolulu, Hawaii). New York: Elsevier 1987, S. 97-102.

Flexible Automation 1994
Högel, R. (Red.): Losgröße Eins? Aber gerne! Flexible Automation (1994) 1, S. 14-16.

Forkel & Müller 1993
Forkel, M.; Müller, M.: Arbeitsinformatik - ein Ansatz zur Unterstützung menschlichen Problemlösens. ZwF 88 (1993) 10, S. 482-484.

Friederich 1993
Friederich, A.: Offenes DNC-Kommunikationssystem für numerisch gesteuerte Arbeitsmaschinen. Düsseldorf: VDI-Verlag 1993. (Forschungsbericht des WZL Nr. 94, Reihe 20).

Fuchs-Fronhofen & Henning 1993
Fuchs-Fronhofen, P.; Henning, K.: Computerunterstützte Technik für den Facharbeiter. VDI-Z 135 (1993) 9, S. 34-44.

Furrer 1994
Furrer, F.J. (Hrsg.): BITBUS: Grundlagen und Praxis. Heidelberg: Hüthig 1994.

Gebauer 1991
Gebauer, L.: Einarbeitungszeit gleich Null. Maschinenmarkt 97 (1991) 43, S. 82-87.

Gehlhaar 1995
Gehlhaar, I: Ein rechnergestütztes, multifunktionales Arbeits-Platz-Informations- und Kommunikationssystem. Bochum: Ruhr-Universität, 1995. (Schriftenreihe Nr 95.3 des LPS).

Gerard 1994
Gerard, G.: Prozeßvisualisierung in der Ventilsitz-Montage. Werkstatt und Betrieb 127 (1994) 10, S. CA114-CA115.

Gordon 1976
Gordon, R.L.: Interviewing - Strategy, Techniques and Tactics. Homewood, Illinois: The Dorsey Press 1976.

Grabowski u.a. 1993
Grabowski, H.; Anderl, R.; Polly, A.: Integriertes Produktmodell (Entwicklungen zur Normung von CIM). Berlin: Beuth 1993.

Haken 1988
Haken, H.: Information and Self-Organization - A Macroscopic Approach to Complex Systems. Berlin: Springer 1988.

Hamming 1987
Hamming R.W.: Information und Codierung. Weinheim: VCH Verlagsgesellschaft 1987.

Heimbold & Krisel 1994
Heimbold T., Kriesel, W.: Kommunikationsmodelle. In: Schnell, G. (Hrsg.): Bussysteme in der Automatisierungstechnik. Wiesbaden: Vieweg, 1994, S. 75-106.

Herter 1991
Herter, J.: Qualifizierung für flexible Fertigungssysteme. München: Carl Hanser 1991. (Reihe Produktionstechnik Berlin, Band 89).

Hidde & Zöllner 1992
Hidde, A.; Zöllner, B.: Computer-Aided Manual Work Station as an Extension of the Product-Independent Flexible Factory Automation Concept. International Journal of Advanced Manufacturing Technology (1992) 7, S. 135-143.

IEC 1131-3 1993
IEC 1131, Teil 3: Speicherprogrammierbare Steuerungen - Programmiersprachen. Berlin: Beuth 1993.

Industrie Anzeiger 1995
Zabota, D. (Red.): Mit Telecim um die Welt. Industrie Anzeiger 117 (1995) 23, S. 60-61.

ISO/IEC 9506-1 1990
ISO/IEC 9506-1: Industrial automation systems: Manufacturing Message Specification, Part 1: Service definition, ISO/IEC 1990.

ISO/IEC 9506-2 1990
ISO/IEC 9506-2: Industrial automation systems:

Manufacturing Message Specification, Part 2: Protocol specification, ISO/IEC 1990.

ISO/IEC 9506-3 1991
ISO/IEC 9506-3: Industrial automation systems: Manufacturing Message Specification, Part 3: Companion standard for robotics, ISO/IEC 1991.

ISO/IEC 9506-4 1992
ISO/IEC 9506-4: Industrial automation systems: Manufacturing Message Specification, Part 4: Companion standard for numerical control, ISO/IEC 1992.

ISO/IEC 9506-6 1994
ISO/IEC 9506-6: Industrial automation systems: Manufacturing Message Specification, Part 6: Companion standard for process control, ISO/IEC 1994.

Kees 1995
Kees, U.: Flexible Montage bei hoher Variantenzahl. In: Qualität, Kosten, Zeit - Erfolgsfaktoren für die Montage, Freising. Landsberg/Lech: Verlag Moderne Industrie 1995.

Kessler 1994
Kessler, M.: FIP. In: Schnell, G. (Hrsg.): Bussysteme in der Automatisierungstechnik. Wiesbaden: Vieweg 1994, S. 197-202.

Kirchner 1995
Kirchner, K.: Schnittstelle zwischen Mensch und Maschine. Industrieanzeiger 117 (1995) 37, S. 34-36.

Klehmet u.a. 1993
Klehmet, U.; Ettl, M.; Götz, P.: Leistungsbewertung der Feldbus-Protokolle PROFIBUS und FIP. atp Automatisierungstechnische Praxis 35 (1993) 7, S. 402-407.

Klingenberg & Kränzle 1983
Klingenberg, H.; Kränzle, H.-P.: Kommunikationstechnik und Nutzerverhalten. München: CW-Publikation 1983. (Forschungsprojekt Bürokommunikation Band 2).

Konradt 1993
Konradt, U.: Technische, organisatorische und personelle Aspekte bei der Gestaltung von Benutzungsoberflächen für

computergestützte Gruppenarbeit. In: Konradt, U.; Drisis, L.: Software-Ergonomie in der Gruppenarbeit. Opladen: Leske und Budrich 1993, S. 23-35. (Neue Informationstechnologien und flexible Arbeitssysteme, Band 5).

Kornwachs 1993
Kornwachs, K.: Information und Wechselwirkung. In: Böcker, H-D. u.a. (Hrsg.): Mensch-Computer-Kommunikation. Berlin: Springer 1993, S. 263-273.

Lange 1991
Lange, U.: Kapitel II.10 Instandhaltung. In: Mertins, K. Ganz, W. Metz, A. (Hrsg.): Handbuch der humanen CIM-Gestaltung - Aufbereitung von HdA-Gestaltungswissen für das Beratungsangebot der CIM-TT-Stellen. Berlin: Selbstverlag der FhG, ipk 1991. (Band 2).

Langmann 1991
Langmann, R.: Rahmensystem für die Mensch-Maschine-Kommunikation. wt Werkstattstechnik 81 (1991), S. 97-101.

Lay 1990
Lay, G.: Entwicklungstendenzen, Problemfelder, Gestaltungspotentiale und FuE-Bedarf im Zusammenhang mit CIM-Strategien. In: Noack, M. u.a. (Hrsg.): CIM - Integration und Vernetzung. Chancen und Risiken einer Innovationsstrategie. Berlin: Springer 1990, S. 75-104.

Lay u.a. 1991
Lay, G.; u.a: Kapitel II.3 Konstruktion. In: Mertins, K. Ganz, W. Metz, A. (Hrsg.): Handbuch der humanen CIM-Gestaltung - Aufbereitung von HdA-Gestaltungswissen für das Beratungsangebot der CIM-TT-Stellen. Berlin: Selbstverlag der FhG, ipk 1991. (Band 1).

Leodolter 1992
Leodolter W.: Fertigungsleitsysteme. Organisatorische und informationstechnische Leitlinien. Stuttgart: Teubner 1992.

Lesch 1992
Lesch, U.: Papierarme Werkstattsteuerung mit Famos. WT Produktion und Management 82 (1995) 9, S. 385-387.

Löffler 1989
Löffler, L.: Adaptierbare und adaptive Benutzerschnittstellen - Konzeption und exemplarische Realisierung für den Bereich der Produktionstechnik. Karlsruhe: wbk 1989. (Forschungsberichte aus dem Institut für Werkzeugmaschinen und Betriebstechnik der Universität Karlsruhe, Band 24).

Lotter 1991
Lotter, B.: Der unterschätzte Mensch. In: Jahrbuch der Planung und Produktion. Landsberg: Verlag Moderne Industrie 1991, S. 152-157.

Madsen & Klein 1993
Madsen, C.; Klein, S.: Automatisierte Montage sichert Qualitätsstandard. Werkstatt und Betrieb 126 (1993) 3, S. 143-145.

Mann & Martens 1994
Mann, R.; Martens, R.: DNC-Systeme der dritten Generation. Werkstatt und Betrieb 127 (1994) 10, S. CA132-CA134.

Martin 1973
Martin J.: Design of Man-Computer Dialogues. Englewood Cliffs: Prentice Hall, 1973.

Martin 1988
Martin, H.: Arbeitswissenschaftliche Aspekte menschengerechter Gestaltung von Dialogsystemen. In: Nullmeier, E.; Rödiger, K.-H. (Hrsg.): Dialogsysteme in der Arbeitswelt. Mannheim: BI Wissenschaftsverlag 1988, S. 75-94. (Angewandte Informatik Band 1).

Maschine+Werkzeug 1994
Paul, A. (Red.): Offenes Informationssystem für die Werkstatt. Maschine+Werkzeug 95 (1994) 6, S. 32-35.

Meitner 1991
Meitner, H.: Sicherheitsmanagement beim Einsatz von Rechnernetzen. In: Bullinger, H.-J. (Hrsg.): Handbuch des Informationsmanagements im Unternehmen, Band 1. München: Beck 1991, S. 720-757.

Mertins & Schallock 1994

Mertins, K; Schallock, B.: Menschliche Eigenschaften als Bestimmungsgrößen in der Fabrikwissenschaft. ZwF 89 (1994) 12, S. 587-590.

Milberg 1994

Milberg, J.: Unsere Stärken stärken - Der Weg zur Wettbewerbsfähigkeit und Standortsicherung. In: Milberg, J.; Reinhart, G. (Hrsg.): Unsere Stärken stärken, München. Landsberg/Lech: Verlag Moderne Industrie 1994, S. 13-31.

Nippa 1991a

Nippa, M.: Die Gestaltungsrelevanz der Aufgabe für die Bürokommunikation - Theorie, Merkmale, Anwendungen. In: Bullinger, H.-J. (Hrsg.): Handbuch des Informationsmanagements im Unternehmen, Band 1. München: Beck 1991, S. 415-451.

Nippa 1991b

Nippa, M.: Computergestützte Büroanalyse- und Gestaltungsmethoden - Einordnung, Systematisierung und Auswahl. In: Bullinger, H.-J. (Hrsg.): Handbuch des Informationsmanagements im Unternehmen, Band 2. München: Beck 1991, S. 1110-1139.

Oesterreich 1988

Oesterreich, R.: Veränderungen von Arbeitsinhalten durch Rechnereinsatz. In: Nullmeier, E.; Rödiger, K.-H. (Hrsg.): Dialogsysteme in der Arbeitswelt. Mannheim: BI Wissenschaftsverlag 1988, S. 155-184. (Angewandte Informatik Band 1).

Pech 1994

Pech, A.: Kommunikationsmodelle. In: Schnell, G. (Hrsg.): Bussysteme in der Automatisierungstechnik. Wiesbaden: Vieweg, 1994, S. 8-18.

Picot & Reichwald 1987

Picot, A.; Reichwald, R.: Bürokommunikation: Leitsätze für den Anwender. 3. Aufl. Hallbergmoos: Angewandte Informations-Technik 1987.

Picot & Reichwald 1991
Picot, A.; Reichwald, R.: Informationswirtschaft. In: Heinen, E.: Industriebetriebslehre - Entscheidungen im Industriebetrieb. 9. Aufl. Wiesbaden: Gabler 1991, S. 241-390.

Pleßmann 1995
Pleßmann, K. W.; Wollert, J.; Fiedler, F.: Die ganzheitliche und objektorientierte Prozeßsteuererung - eine Vision? CIM Management 11 (1995) 2, S. 56-60.

Reckmann 1990
Reckmann, L.: Informationsverarbeitung in CIM-Systemen - Ein Beitrag zum montageorientierten Informationsumsatz im Produktionsbereich. Bochum: Ruhr-Universität 1990. (Schriftenreihe Nr. 90.2 des LPS).

Reichwald 1984
Reichwald, R.: Kommunikation. In: Vahlens Kompendium der Betriebswirtschaftslehre Band 2. München: Vahlen 1984, S. 376-406.

Reinhart & Goldstein 1994
Reinhart, G.; Goldstein, B.: Gestaltung der internen Kunden-Lieferanten-Beziehung. In: Steigerung der Wettbewerbsfähigkeit durch systematische Mittel, Erlangen. München: Bayerischer Forschungsverbund Systemtechnik 1994, S. 131-159.

Reinhart 1995
Reinhart, G.: Qualität, Kosten, Zeit - Erfolgsfaktoren für die Montage. In: Qualität, Kosten, Zeit - Erfolgsfaktoren für die Montage, Freising. Landsberg/Lech: Verlag Moderne Industrie 1995.

Rose 1994
Rose, M.: DIN-Meßbus: Grundlagen und Praxis. Heidelberg: Hüthig 1994.

Rudolph & Siebers 1992
Rudolph, W.; Siebers, I.: Bilddaten-Anwendung im Montagebereich. ZwF 87 (1992) 9, S. 515-518.

Salcher 1978
Salcher, E. F.: Psychologische Marktforschung. Berlin: Walter de Gruyter 1978. (Marketing Management 4).

Scheer 1994
Scheer, A.-W.: Wirtschaftsinformatik - Referenzmodelle für industrielle Geschäftsprozesse. 4. Auflage. Berlin: Springer 1994.

Scheuch 1973
Scheuch, E. K.: Das Interview in der Sozialforschung. In: König, R. (Hrsg.): Grundlegende Methoden und Techniken der empirischen Sozialforschung. Stuttgart: Ferdinand Enke Verlag 1973, S. 66-190. (Handbuch der empirischen Sozialforschung, Band 2).

Schmidt 1993
Schmidt, M.: Konfiguration und Inbetriebnahme eines MAP/MMS-Netzes. pa Produktionsautomatisierung 2 (1993) 4, S. 41-44.

Schneider-Hufschmidt 1993
Schneider-Hufschmidt, M.: Eine Entwicklungsumgebung für adaptierbare Benutzungsoberflächen. In: Böcker, H-D. u.a. (Hrsg.): Mensch-Computer-Kommunikation. Berlin: Springer 1993, S. 61-74.

Schnell 1994
Schnell, G.: Datensicherung. In: Schnell, G. (Hrsg.): Bussysteme in der Automatisierungstechnik. Wiesbaden: Vieweg 1994, S. 27-38.

Scholz & Issendorf 1994
Scholz-Reiter, B.; v. Issendorf, C.: CIM Schnittstellen in der Praxis. CIM Management 10 (1994) 1, S. 37-44.

Scholz 1990
Scholz-Reiter, B.: CIM Seminar: Heterogene lokale Netze: MAP. CIM Management 6 (1990) 1, S. 25-28.

Schrick u.a. 1991
Schrick, G.; u.a: Kapitel II.5 Fertigung/CNC. In: Mertins, K.; Ganz, W.; Metz, A. (Hrsg.): Handbuch der humanen CIM-Gestaltung - Aufbereitung von HdA-Gestaltungswissen für

das Beratungsangebot der CIM-TT-Stellen. Berlin: Selbstverlag der FhG, ipk 1991. (Band 2).

Schuck-Wersig 1985
Schuck-Wersig, P. (Hrsg.): Akzeptanz neuer Kommunikationsformen. München: Saur 1985.

Schüler 1994
Schüler, U. (Hrsg.): CIM-Lehrbuch - Grundlagen der rechnerintegrierten Produktion. Braunschweig, Wiesbaden: Vieweg 1994.

Schwarz 1989
Schwarz, K.: Manufacturing Message Specification (MMS) - Offene Verständigung in verteilten Systemen der industriellen Automatisierung. atp Automatisierungstechnische Praxis 31 (1989) 1, S. 23-29.

Schwarz 1991
Schwarz, K.: Manufacturing Message Specification (MMS) - Übersicht über die Methoden, Modelle, Objekte und Dienste. atp Automatisierungstechnische Praxis 33 (1991) 7, S. 369-378.

Shannon & Weaver 1949
Shannon, C. E.; Weaver, W.: The Mathematical Theory of Communication. Urbana: University of Illinois Press 1949.

Spaniol & Hermanns 1992
Spaniol, O.; Hermanns, O.: Anbieterrecherche Echtzeitnetze. CIM Management 8 (1992) 2, S. 33-39.

Spaniol & Hermanns 1995
Spaniol, O.; Hermanns, O.: Netze für Produktentwicklung und Produktion. CIM Management 11 (1995) 2, S. 22-25.

Spath u.a. 1994
Spath, D.; Tritsch, C.; Hartel, M.: Multimedia-Unterstützung in der Demontage. VDI-Z 136 (1994) 6, S. 38-41.

Spath u.a. 1995
Spath, D.; Burghardt, J.; Walter, W.: Aus Erfahrung gut. AV 32 (1995) 4, S. 267-271.

Spur 1992
Spur, G.: Europa im Umbruch - eine Herausforderung an die Produktionstechnik. ZwF 87 (1992) 1, S. 4.

Top Business 1994
Vogel B. (Red.): Expertenrat per Satelit. Top Business (1994) 5, S. 112.

Ulich 1983
Ulich, E.: Abkehr vom Fließband. In: Gottlieb Duttweiler-Institut (Hrsg.): Arbeit - Beispiele für ihre Humanisierung. Erfahrungen, Berichte, Analysen. Olten: Walter 1983, S. 13-37.

VDI-ADB 1992
Verein Deutscher Ingenieure - Gesellschaft Produktionstechnik (ADB) (Hrsg.): Flexible Montage - Leitfaden des VDI-Gemeinschaftsausschusses CIM. Düsseldorf: VDI-Verlag 1992. (Rechnerintegrierte Konstruktion und Produktion Band 8).

Volpert 1990
Volpert, W.: Welche Arbeit ist gut für den Menschen? Notizen zum Thema Menschenbild und Arbeitsgestaltung. In: Frei, F. (Hrsg.); Udris, I. (Hrsg): Das Bild der Arbeit. Bern: Hans Huber 1990, S. 23-40.

Warnecke 1994
Warnecke, H.-J. (Hrsg.), Becker, B.-D. (Hrsg.): Strategien für die Produktion. Stuttgart: Raabe 1994.

Watzlawick u.a. 1990
Watzlawick, P.; Beavin, J.H.; Jackson, D.D.: Menschliche Kommunikation. Bern: Huber 1990.

Weck u.a. 1993
Weck, M.; Kohring, A.; Klein, F.: Offene NC-Systeme. Grundlagen herstellerunabhängiger Flexibilität. VDI-Z 135 (1993) 5, S. 51-55.

Weißenborn & Hedemann 1995
Weißenborn, R.; Hedemann, D.: Multimedia-System zur Information und Qualifikation. WT Produktion und Management 85 (1995) 7/8, S. 385-387.

Weule u.a. 1993

Weule, H.; Spath, D.; Schmidt, J.; Zimek, S.: Computergestützte kooperative Arbeit in der Produktionstechnik. wt-Produktion und Management 83 (1993) 11/12, S. 90-91.

Wiendahl & Radow 1994

Wiendahl, H.-P.; Radow, W.: Werkergerechte Informationsbereitstellung durch Integration innovativer Medien in der Serienmontage. In: Pfeifer, T. (Hrsg.); Hollmann, F. (Hrsg.): Innovative Qualitätssicherung in der Produktion - Ergebnisse des Schwerpunktprogramms der DFG/FQS, Aachen. Berlin: Beuth 1994, S. 225-231.

Witte u.a. 1993

Witte, K.-W.; Rieth, S.; Oberthür, S.: Betriebskommunikations- und Leitsysteme. VDI-Z 135 (1993) 8, S. 66-72.

Wittkowski 1994

Wittkowski, J.: Das Interview in der Psychologie - Interviewtechnik und Codierung von Interviewmaterial. Opladen: Westdeutscher Verlag, 1994.

Wittmann 1959

Wittmann, W.: Unternehmung und unvollkommene Information. Köln: Westdeutscher Verlag 1959.

Zeppelin 1991

v. Zeppelin, W.: Wider die Arbeitsteilung. In: Denken in Systemen. Esslingen: Festo KG 1991, S. 138-175.

ZVEI 1985

Arbeitskreis Produktionstechnik im Zentralverband der Elektrotechnischen Industrie (ZVEI) (Hrsg.): Atlas der innerbetrieblichen Informationsverarbeitung. Mindelheim: Sachon 1985.

iwb Forschungsberichte

Berichte aus dem Institut für Werkzeugmaschinen und Betriebswissenschaften der Technischen Universität München

Herausgeber: Prof. Dr.-Ing. J. Milberg und Prof. Dr.-Ing. G. Reinhart

---

1 **Streifinger, E.**
Beitrag zur Sicherung der Zuverlässigkeit und Verfügbarkeit moderner Fertigungsmittel
1986. 72 Abb. 167 Seiten, ISBN 3-540-16391-3 68,- DM

2 **Fuchsberger, A.**
Untersuchung der spanenden Bearbeitung von Knochen
1986. 90 Abb. 175 Seiten, ISBN 3-540-16392-1 68,- DM

3 **Maier, C.**
Montageautomatisierung am Beispiel des Schraubens mit Industrierobotern
1986. 77 Abb. 144 Seiten, ISBN 3-540-16393-X 68,- DM

4 **Summer, H.**
Modell zur Berechnung verzweigter Antriebsstrukturen
1986. 74 Abb. 197 Seiten, ISBN 3-540-16394-8 68,- DM

5 **Simon, W.**
Elektrische Vorschubantriebe an NC-Systemen
1986. 141 Abb. 198 Seiten, ISBN 3-540-16693-9 68,- DM

6 **Büchs, S.**
Analytische Untersuchungen zur Technologie der Kugelbearbeitung
1986. 74 Abb. 173 Seiten, ISBN 3-540-16694-7 68,- DM

7 **Hunzinger, I.**
Schneiderodierte Oberflächen
1986. 79 Abb. 162 Seiten, ISBN 3-540-16695-5 68,- DM

8 **Pilland, U.**
Echtzeit-Kollisionsschutz an NC-Drehmaschinen
1986. 54 Abb. 127 Seiten, ISBN 3-540-17274-2 68,- DM

9 **Barthelmeß, P.**
Montagegerechtes Konstruieren durch die Integration von Produkt- und Montageprozeßgestaltung
1987. 70 Abb. 144 Seiten, ISBN 3-540-18120-2 68,- DM

10 **Reithofer, N.**
Nutzungssicherung von flexibel automatisierten Produktionsanlagen
1987. 84 Abb. 176 Seiten, ISBN 3-540-18440-6 68,- DM

11 **Diess, H.**
Rechnerunterstützte Entwicklung flexibel automatisierter Montageprozesse
1988. 56 Abb. 144 Seiten, ISBN 3-540-18799-5 73,- DM

12 **Reinhart, G.**
Flexible Automatisierung der Konstruktion
und Fertigung elektrischer Leitungssätze
1988, 112 Abb. 197 Seiten, ISBN 3-540-19003-1 73,- DM

13 **Bürstner, H.**
Investitionsentscheidung in der rechnerintegrierten Produktion
1988, 77Abb. 190 Seiten, ISBN 3-540-19099-6 73,- DM

14 **Groha, A.**
Universelles Zellenrechnerkonzept für flexible Fertigungssysteme
1988, 74 Abb. 153 Seiten, ISBN 3-540-19182-8 73,- DM

15 **Riese, K.**
Klipsmontage mit Industrierobotern
1988, 92 Abb. 150 Seiten, ISBN 3-540-19183-6 73,- DM

16 **Lutz, P.**
Leitsysteme für rechnerintegrierte Auftragsabwicklung
1988, 44 Abb. 144 Seiten, ISBN 3-540-19260-3 73,- DM

17 **Klippel, C.**
Mobiler Roboter im Materialfluß eines flexiblen Fertigungssystems
1988, 86 Abb. 164 Seiten, ISBN 3-540-50468-0 73,- DM

18 **Rascher, R.**
Experimentelle Untersuchungen zur Technologie der Kugelherstellung
1989, 110 Abb. 200 Seiten, ISBN 3-540-51301-9 73,- DM

19 **Heusler, H.-J.**
Rechnerunterstützte Planung flexibler Montagesysteme
1989, 43 Abb. 154 Seiten, ISBN 3-540-51723-5 73,- DM

20 **Kirchknopf, P.**
Ermittlung modaler Parameter aus Übertragungsfrequenzgängen
1989, 57 Abb. 157 Seiten, ISBN 3-540-51724 73,- DM

21 **Sauerer, Ch.**
Beitrag für ein Zerspanprozeßmodell Metallbandsägen
1990, 89 Abb. 166 Seiten, ISBN 3-540-51868-1 78,- DM

22 **Karstedt, K.**
Positionsbestimmung von Objekten in der Montage-
und Fertigungsautomatisierung
1990, 92 Abb. 157 Seiten, ISBN 3-540-51879-7 78,- DM

23 **Peiker, St.**
Entwicklung eines integrierten NC-Planungssystems
1990, 66 Abb. 180 Seiten, ISBN 3-540-51880-0 78,- DM

24 **Schugmann, R.**
Nachgiebige Werkzeugaufhängungen für die automatische Montage
1990. 71 Abb. 155 Seiren, ISBN 3-540-52138-0 78,- DM

25 **Wrba, P**
Simulation als Werkzeug in der Handhabungstechnik
1990, 125 Abb., 178 Seiten, ISBN 3-540-52231-X 78,- DM

26 **Eibelshäuser, P.**
Rechnerunterstützte experimentelle Modalanalyse
mitells gestufter Sinusanregung
1990, 79 Abb., 156 Seiten, ISBN 3-540-52451-7 78,- DM

27 **Prasch, J.**
Computerunterstützte Planung von chirurgischen Eingriffen
in der Orthopädie
1990, 113 Abb., 164 Seiten, ISBN 3-540-52543-2 78,- DM

28 **Teich, K.**
Prozeßkommunikation und Rechnerverbund in der Produktion
1990, 52 Abb., 158 Seiten, ISBN 3-540-52764-8 78,- DM

29 **Pfrang, W.**
Rechnergestützte und graphische Planung manueller
und teilautomatisierter Arbeitsplätze
1990, 59 Abb., 153 Seiten, ISBN 3-540-52829-6 78,- DM

30 **Tauber, A.**
Modellbildung kinematischer Stukturen
als Komponente der Montageplanung
1990, 93 Abb., 190 Seiten, ISBN 3-540-52911-X 78,- DM

31 **Jäger, A.**
Systematische Planung komplexer Produktionssysteme
1991, 75 Abb., 148 Seiten, ISBN 3-540-53021-5 78,- DM

32 **Hartberger, H.**
Wissensbasierte Simulation komplexer Produktionssysteme
1991, 58 Abb., 154 Seiten, ISBN 3-540-53326-5 78,- DM

33 **Tuczek H.**
Inspektion von Karosseriepreßteilen auf Risse und Einschnürungen
mittels Methoden der Bildverarbeitung
1992, 125 Abb., 179 Seiten, ISBN 3-540-53965-4 88,- DM

34 **Fischbacher, J.**
Planungsstrategien zur strömungstechnischen Optimierung
von Reinraum-Fertigungsgeräten
1991, 60 Abb., 166 Seiten, ISBN 3-540-54027-X 78,- DM

35 **Moser, O.**
3D-Echtzeitkollisionsschutz für Drehmaschinen
1991, 66 Abb., 177 Seiten, ISBN 3-540-54076-8 78,- DM

36 **Naber, H.**
Aufbau und Einsatz eines mobilen Roboters mit
unabhängiger Lokomotions- und Manipulationskomponente
1991, 85 Abb., 139 Seiten, ISBN 3-540-54216-7 78,- DM

37 **Kupec, Th.**
Wissensbasiertes Leitsystem zur Steuerung flexibler Fertigungsanlagen
1991, 68 Abb., 150 Seiten, ISBN 3-540-54260-4 78,- DM

38 **Maulhardt, U.**
Dynamisches Verhalten von Kreissägen
1991, 109 Abb., 159 Seiten, ISBN 3-540-54365-1 78,– DM

39 **Götz, R.**
Stukturierte Planung flexibel automatisierter Montagesysteme für flächige Bauteile
1991, 86 Abb., 201 Seiten, ISBN 3-540-54401-1 78,– DM

40 **Koepfer, Th.**
3D- grafisch-interaktive Arbeitsplanung - ein Ansatz zur Aufhebung der Arbeitsteilung
1991, 74 Abb., 126 Seiten, ISBN 3-540-54436-4 78,– DM

41 **Schmidt, M.**
Konzeption und Einsatzplanung flexibel automatisierter Montagesysteme
1992, 108 Abb., 168 Seiten, ISBN 3-540-55025-9 88,– DM

42 **Burger, C.**
Produktionsregelung mit entscheidungsunterstützenden Informationssystemen
1992, 94 Abb., 186 Seiten, ISBN 5-540- 55187-5 88,– DM

43 **Hoßmann, J.**
Methodik zur Planung der automatischen Montage von nicht formstabilen Bauteilen
1992, 73 Abb., 168 Seiten, ISBN 3-540-5520-0 88,– DM

44 **Petry, M.**
Systematik zur Entwicklung eines modularen Programmbaukastens für robotergeführte Klebeprozesse
1992, 106 Abb., 139 Seiten ISBN 3-540-55374-6 88,– DM

45 **Schönecker, W.**
Integrierte Diagnose in Produktionszellen
1992, 87 Abb., 159 Seiten, ISBN 3-540-55375-4 88,– DM

46 **Bick, W.**
Systematische Planung hybrider Montagesyste unter Berücksichtigung der Ermittlung des optimalen Automatisierungsgrades
1992, 70 Abb., 156 Seiten ISBN 3-540-55377-0 88,– DM

47 **Gebauer, L.**
Prozeßuntersuchungen zur automatisierten Montage von optischen Linsen
1992, 84 Abb., 150 Seiten, ISBN 3-540- 55378-9 88,– DM

48 **Schrüfer, N.**
Erstellung eines 3D-Simulationssystems zur Reduzierung von Rüstzeiten bei der NC-Bearbeitung
1992, 103 Abb., 161 Seiten, ISBN 3-540-55431-9 88,– DM

49 **Wisbacher, J.**
Methoden zur rationellen Automatisierung der Montage von Schnellbefestigungselementen
1992, 77 Abb., 176 Seiten, ISBN 3-540-55512-9 88,– DM

50 **Garnich. F.**
Laserbearbeitung mit Robotern
1992, 110 Abb., 184 Seiten, ISBN 3-540- 55513-7 88,– DM

51 **Eubert, P.**
Digitale Zustandsregelung elektrischer Vorschubantriebe
1992, 89 Abb., 159 Seiten, ISBN 3-540-44441-2 88,– DM

52 **Glaas, W.**
Rechnerintegrierte Kabelsatzfertigung
1992, 67 Abb., 140 Seiten, ISBN 3-540-55749-0 88,– DM

53 **Helml, H.J.**
Ein Verfahren zur on-line Fehlererkennung und Diagnose
1992, 60 Abb., 153 Seiten, ISBN 3-540-55750-4 88,– DM

54 **Lang, Ch.**
Wissensbasierte Unterstützung der Verfügbarkeitsplanung
1992, 75 Abb., 150 Seiten, ISBN 3-540-55751-2 88,– DM

55 **Schuster, G.**
Rechnergestütztes Planungssystem für die flexibel automatisierte Montage
1992, 67 Abb., 135 Seiten, ISBN 3-540-55830-6 88,– DM

56 **Bomm, H.**
Ein Ziel- und Kennzahlensystem zum Investitionscontrolling komplexer Produktionssysteme
1992, 87 Abb., 195 Seiten, ISBN 3-540-55964-7 88,– DM

57 **Wendt, A.**
Qualitätssicherung in flexibel automatisierten Montagesystemen
1992, 74 Abb., 179 Seiten, ISBN 3-540-56044-0 88,– DM

58 **Hansmaier, H.**
Rechnergestütztes Verfahren zur Geräuschminderung
1993, 67 Abb., 156 Seiten, ISBN 3-540-56043-2 88,– DM

59 **Dilling, U.**
Planung von Fertigungssystemen unterstützt durch Wirtschaftlichkeitssimulation
1993, 72 Abb., 146 Seiten, ISBN 3-540-56307-5 88,– DM

60 **Strohmayr, R.**
Rechnergestützte Auswahl und Konfiguration von Zubringeeinrichtungen
1993, 80 Abb., 152 Seiten, ISBN 3-540-56652-X 88,– DM

61 **Glas, J.**
Standardisierter Aufbau anwendungsspezifischer Zellenrechnersoftware
1993, 80 Abb., 145 Seiten, ISBN 3-540-56890-5 88,– DM

62 **Stetter, R.**
Rechnergestützte Simulationswerkzeuge zur Effizienzsteigerung des Industrierobotereinsatzes
1994, 91 Abb., 146 Seiten, ISBN 3-540-568891 88,– DM

63 **Dirndorfer, A.**
Robotersysteme zur förderbandsynchronen Montage
1993, 76 Abb, 144 Seiten, ISBN 3-540-57031-4 88,– DM

64 **Wiedemann, M.**
Simulation des Schwingungsverhaltens spanender Werkzeugmaschinen
1993, 81 Abb., 137 Seiten, ISBN 3-540-57177-9 88,– DM

65 **Woenckhaus, Ch.**
Rechnergestütztes System zur automatisierten 3D-Layoutoptimierung
1994, 81 Abb., 140 Seiten,ISBN 3540-57284-8 — 88,– DM

66 **Kummetsteiner, G.**
3D-Bewegungssimulation als integratives Hilfsmittel zur Planung manueller Montagesysteme
1994, 62 Abb.; 146 Seiten, ISBN 3-540-57535-9 — 88,– DM

67 **Kugelmann, F.**
Einsatz nachgiebiger Elemente zur wirtschaftlichen Automatisierung von Produktionssystemen
1993, 76 Abb., 144 Seiten, ISBN 3-540-57549-9 — 88,– DM

68 **Schwarz, H.**
Simulationsgestützte CAD/CAM-Kopplung für die 3D-Laserbearbeitung mit integrierter Sensorik
1994, 96 Abb., 148 Seiten, ISBN 3-540-57577-4 — 88,– DM

69 **Viethen, U.**
Systematik zum Prüfen in Flexiblen Fertigungssytemen
1994, 70 Abb., 142 Seiten, ISBN 3-540-57794-7 — 88,– DM

70 **Seehuber, M.**
Automatische Inbetriebnahme geschwindigkeitsadaptiver Zustandsregler
1994, 72 Abb., 155 Seiten, ISBN 3-540-57896-X — 88,– DM

71 **Amann, W.**
Eine Simulationsumgebung für Planung und Betrieb von Produktionssystemen
1994, 71 Abb., 129 Seiten, ISBN 3-540-57924-9 — 88,– DM

72 **Schöpf, M.**
Rechnergestützes Projektinformations- und Koordinationssystem für das Fertigungsvorfeld
1997, 63 Abb., 130 Seiten, ISBN 3-540-58052-2 — 88,– DM

73 **Welling, A.**
Effizienter Einsatz bildgebender Sensoren zur Flexibilisierung automatisierter Handhabungsvorgänge
1994, 66 Abb., 139 Seiten, ISBN 3-540-580-0 — 88,– DM

74 **Zetlmayer, H,**
Verfahren zur simulationsgestützen Produktionsregelung in der Einzel- und Kleinserienproduktion
1994, 62 Abb., 143 Seiten, ISBN 3-540-58134-0 — 88,– DM

75 **Lindl, M.**
Auftragsleittechnik für Konstruktion und Arbeitsplanung
1994, 66 Abb,. 147 Seiten, ISBN 3-540-58221-5 — 88,– DM

76 **Zipper, B.**
Das integrierte Betriebsmittelwesen – Baustein einer flexiblen Fertigung
1994, 64 Abb., 147 Seiten, ISBN 3-540-58222-3 — 88,– DM

77 **Raith, P.**
Programmierung und Simulation von Zellenabläufen in der Arbeitsvorbereitung
1995, 51 Abb., 130 Seiten, ISBN 3-540-58223-1 — 88,– DM

78 **Engel, A.**
Strömungstechnische Optimierung von Produktionssystemen durch Simulation
1994, 69 Abb., 160 Seiten, ISBN 3-540-58258-4 88,– DM

79 **Zäh, M. F.**
Dynamisches Prozeßmodell Kreissägen
1995, 95 Abb., 186 Seiten, ISBN 3-540-58624-5 88,– DM

80 **Zwanzer, N.**
Technologisches Prozeßmodell für die Kugelschleifbearbeitung
1995, 65 Abb., 150 Seiten, ISBN 3-540-58634-2 88,– DM

81 **Romanow, P.**
Konstruktionsbegleitende Kalkulation von Werkzeugmaschinen
1995, 66 Abb., 151 Seiten, ISBN 3-540-58771-3 88,– DM

82 **Kahlenberg, R.**
Integrierte Qualitätssicherung in flexiblen Fertigungszellen
1995, 71 Abb., 136 Seiten, ISBN 3-540-58772-1 88,– DM

83 **Huber, A.**
Arbeitsfolgenplannung mehrstufiger Prozesse in der Hartbearbeitung
1995, 87 Abb., 152 Seiten, ISBN 3-540-58773-X 88,– DM

84 **Birkel, G.**
Aufwandsminimierter Wissenserwerb für die Diagnose in flexiblen Produktionszellen
1995, 64 Abb., 137 Seiten, ISBN 3-540-58869-8 88,– DM

85 **Simon, D.**
Fertigungsregelung durch zielgrößenorientierte Planung und logistisches Störungsmanagment
1995, 77 Abb., 132 Seiten, ISBN 3-540-58942-2 88,– DM

86 **Nedeljkovic-Groha, V.**
Systematische Planung anwendungsspezifischer Materialflußsteuerungen
1995, 94 Abb., 188 Seiten, ISBN 3-540-58953-8 88,- DM

87 **Rockland, M.**
Flexibilisierung der automatischen Teilebereitstellung in Montageanlagen
1995, 83 Abb., 151 Seiten, ISBN 3-540-58999-6 88,– DM

88 **Linner, St.**
Konzept einer integrierten Produktentwicklung
1995, 67 Abb., 168 Seiten, ISBN 3-540-59016-1 88,– DM

89 **Eder, Th.**
Integrierte Planung von Informationssystemen für rechnergestützte Produktionssysteme
1995, 62 Abb., 150 Seiten, ISBN 3-540-59084-6 88,- DM

90 **Deutschle, U.**
Prozeßorientierte Organisation der Auftragsentwicklung in mittelständischen Unternehmen
1995, 80 Abb., 188 Seiten, ISBN 3-540-59337-3 88,- DM

91 **Dieterle, A.**
Recyclingintegrierte Produktentwicklung
1995, 68 Abb., 146 Seiten, ISBN 3-540-60120-1 88,- DM

92 Hechl, Chr
Personalorientierte Montageplanung für komplexe und variantenreiche Produkte
1995, 73 Abb., 158 Seiten, ISBN 3-540-60325-5 88,– DM

93 Albertz, F.
Dynamikgerechter Entwurf von Werkzeugmaschinen – Gestellstrukturen
1995, 83 Abb., 156 Seiten, ISBN 3-540-60606-8 88,– DM

94 Trunzer, W.
Strategien zur On-Line Bahnplanung bei Robotern mit 3D-Konturfolgesensoren
1996, 101 Abb., 164 Seiten, ISBN 3-540-60961-X 88,– DM

95 Fichtmüller, N.
Rationalisierung durch flexible, hybride Montagesysteme
1996, 83 Abb., 145 Seiten, ISBN 3-540-60960-1 88,– DM

96 Trucks, V.
Rechnergestützte Beurteilung von Getriebestrukturen in Werkzeugmaschinen
1996, 64 Abb., 141 Seiten, ISBN 3-540-60599-8 88,– DM

97 Schäffer, G.
Systematische Integration adaptiver Produktionssysteme
1996, 71 Abb., 170 Seiten, ISBN 3-540-60958-X 88,– DM

98 Koch, M. R.
Autonome Fertigungszellen – Gestaltung, Steuerung und integrierte Störungsbehandlung
1996, 67 Abb., 138 Seiten, ISBN 3-540-61104-5 88,– DM

99 Moctezuma de la Barrera, J. L.
Ein durchgängiges System zur computer- und roboterunterstützten Chirurgie
1996, 99Abb., 175 Seiten, ISBN 3-540-61145-2 88,– DM

100 Geuer, A.
Einsatzpotential des Rapid Prototyping in der Produktentwicklung
1996, 84 Abb., 154 Seiten, ISBN 3-540-61495-8 88,– DM

101 Ebner, C
Ganzheitliches Verfügbarkeits- und Qualitätsmanagement unter Verwendung von Felddaten
1996, 67 Abb., 132 Seiten, ISBN 3-540-61678-0 88,– DM

102 Pischeltsrieder, K.
Steuerung autonomer mobiler Roboter in der Produktion
1996, 74 A., 171 Seiten, ISBN 3-540-61714-0 88,– DM

103 Köhler, R.
Disposition und Materialbereitstellung bei komplexen variantenreichen Kleinserienprodukten
1997, 62 Abb., 177 Seiten, ISBN 3-540-62024-9 88,– DM

104 Feldmann. Ch.
Eine Methode für die integrierte rechnergestützte Montageplanung
1997, 71 Abb., 163 Seiten, ISBN 3-540-62059-1 88,– DM

105 **Lehmann, H.**
Integrierte Materialfluß- und Layoutplanung durch Kopplung von CAD- und Ablaufsimulationssystem
1997, 96 Abb., 191 Seiten, ISBN 3-540-62202-0 88,– DM

106 **Wagner, M.**
Steuerungsintegrierte Fehlerbehandlung für maschinennahe Abläufe
1997, 94 Abb., 164 Seiten, ISBN 3-540-62656-5 88,– DM

107 **Lorenzen, J.**
Simulationsgestützte Kostenanalyse in produktorientierten Fertigungsstrukturen
1997, 63 Abb., 129 Seiten, ISBN 3-540-62794-4 88,– DM

108 **Krönert, U.**
Systematik für die rechnergestützte Ähnlichteilsuche und Standardisierung
1997, 53 Abb., 127 Seiten, ISBN 3-540-63338-3 88,– DM

110 **Kuba, R.**
Informations- und kommunikationstechnische Integration von Menschen in der Produktion
1997, 77 Abb., 155 Seiten, ISBN 3-540-63642-0 88,– DM

Die Bände sind im Erscheinungsjahr und in den folgenden drei Kalenderjahren zu beziehen durch den örtlichen Buchhandel oder durch
Lange & Springer, Otto-Suhr-Allee 26-28, 10585 Berlin

Made in the USA
Monee, IL
19 October 2026

66036560R00105